"你的全世界来了"科普阅读书系

地球来了

毕研波 ◎ 编 著

丛书主编：安若水
副 主 编：张晓冬 毕研波
编 者：王水香 海 秋 毕经纬 马 然 张润通
插 图：支晓光

U0363654

山西出版传媒集团 山西教育出版社

图书在版编目（ＣＩＰ）数据

地球来了 / 毕研波编著. — 太原：山西教育出版
社，2020.5（2021.1 重印）
（"你的全世界来了"科普阅读书系 / 安若水主编）
ISBN 978 - 7 - 5703 - 0965 - 8

Ⅰ. ①地…　Ⅱ. ①毕…　Ⅲ. ①地球科学 - 青少年读物
Ⅳ. ①P - 49

中国版本图书馆 CIP 数据核字（2020）第 051766 号

地球来了
DIQIU LAILE

策　　划	彭琼梅	
责任编辑	裴　斐	
复　　审	韩德平	
终　　审	彭琼梅	
装帧设计	崔文娟	
印装监制	蔡　洁	

出版发行 山西出版传媒集团·山西教育出版社
（太原市水西门街馒头巷 7 号　电话：0351 - 4729801　邮编：030002）

印　　装	山西三联印刷厂	
开　　本	890×1240　1/32	
印　　张	5	
字　　数	104 千字	
版　　次	2020 年 5 月第 1 版　2021 年 1 月山西第 2 次印刷	
印　　数	5 001—8 000 册	
书　　号	ISBN　978 - 7 - 5703 - 0965 - 8	
定　　价	23.00 元	

如发现印装质量问题，影响阅读，请与出版社联系调换。电话：0351 - 4729718

目 录

① 中国神话——盘古开天地

对我们居住的地球，原始人从来没有认识到它是圆形的。

人们抬头望天，脚踏大地，只知天地。这天地就是我们的地球。不同的民族，对天地生成有许多猜测、幻想，产生了很多或美丽、或恐惧的传说。

中国的神话中，是这样讲的：

天地呀，原来是个大西瓜的样子，但它不是西瓜。它的里面混沌玄黄，像鸡蛋一样。

盘古在混沌里，一日变化九次，成长了一万八千年

　　这个大西瓜里，孕育着一个有着龙身而且能量极大的人，他叫盘古。他有头、鼻子、眼、四肢，还会发出声音。因为创造天地的祖先是龙身，所以中华民族的图腾是龙。盘古在混沌里，一日变化九次，成长了一万八千年，这说明天地生成是个很长、很复杂的过程。

　　一万八千年后，盘古蹬开外壳，蛋壳破碎后里面的东西分成两部分，阴浊的部分变为地，阳清的部分升成天，好像蛋清、蛋黄分开一样。

　　天地初分时，盘古睁眼是白天，闭眼是夜晚。他呼出空气，天气炎热，就是夏天；吸进空气，天气寒冷，就是冬天。在呼气与吸气之间，就是温度适宜的春天或秋天。

那时天还不高，地也不厚，盘古伸手就能够到天，用脚跺地，地就颤动

　　那时天还不高，地也不厚，盘古伸手就能够到天，用脚跺地，地就颤动。盘古怕天地合拢，于是站立在天地之间支撑着。每日天长高一丈，地增厚一丈，盘古随天地变化，每天也

长一丈。这样又长了一万八千岁，最后天长得极高，地也变得极厚。盘古每天生长，从没有休息过，直到天高地阔，他身体累乏，人也老了。

有一天，他要死了。盘古死前，吐出了沉重的气息。他呼出的气变成了风云，他发出的吼声化成了隆隆的雷鸣。盘古满意地听着天地间的风雷滚滚，瞪圆左眼，眼珠弹出挂在天上，成了炽热的太阳。盘古又眨眼，挤出的右眼运行在天际，成了明亮的月亮。同学们，你能够想到盘古的"挤眉弄眼"竟挤弄出了日月吗？

盘古吐出的气就是流动的空气。空气流动成为风，吹动云朵在天空飘呀飘。看似棉花一样柔软的云朵，内部却积蓄着雷电，力量充盈时便会发出隆隆的声响，震撼大地。盘古的力量化成了风力、电力。

天地在盘古给予的原始力量中运动，风能吹落树叶，雨水能滋润大地。但是，这样的大地还是缺少些什么。盘古是个胸有宏图的设计师，他设计了大山大河的图案。他把身体的脂膏化为江海，江河在陆地纵横蜿蜒，奔流入海。大江大河大海，都积蓄着盘古赋予的力量。他化毛发为葳蕤草木，生长在田野，夏绿冬枯，有着无尽的生命力。盘古的头化为东岳泰山，肚腹为中岳嵩山，左臂为南岳衡山，右臂为北岳恒山，足为西岳华山。同学们和家长出去旅游，一定去过这些名山吧？

盘古开辟了天地，安排了日月星辰、花草树木、三山五岳、江河湖海，中华民族就生活在这样的天地自然中。

3

② 披星戴月是巧妙的劳动

在全世界的创世神话中，大概源自犹太教的创世神话是最有名的。信仰基督的宗教，都捧着同样的《圣经》，都是从犹太教演化而来的，所以他们的创世神话都是一样的。

《圣经》的第一篇就叫《创世记》，讲述的就是上帝如何创造世界。

上帝是用语言创造世界的，他说什么成什么。第一天，上帝说要有光，随后光就出现了。

光出现后，上帝分开了地上的水和天上的水，创造了天空。这样，创世的第二天完成了。

第三天，上帝将地上的水都聚在一处，给它起了个名字叫大海。大海出现了，陆地自然也就形成了，那儿生长着各种各样的植物。

第四天，上帝在天上造了两个光体，大的管白天，小的管夜晚。这一天上帝还创造了满天的小星星。

在第五天的时候，上帝创造了海中的鱼和天上的鸟。

第六天，上帝在地上创造了生命，包括我们人类在内的所有动物。

　　即使是上帝，也是会累的，所以第七天上帝休息，凝视着自己的成果，感到十分欣慰。

　　同学们，发现了吗？上帝创造世界一共花了六天的时间，第七天休息。这跟我们现在使用的星期制度是一样的。其实，星期并不是源自《圣经》，只是《圣经》的创世神话与星期有着千丝万缕的联系。

星期是两河流域的古巴比伦人发明的

　　星期是两河流域的古巴比伦人发明的，他们认为七天一轮回，所以把七天作为一周，分别用日、月、火、水、木、金、土七个星球的名称来命名。

　　所谓"星期"，就是星的日期。后来随着科学的进步，去掉了加在星期上的迷信色彩。直到今天日本和韩国还是习惯用日曜日、月曜日、火曜日、水曜日、木曜日、金曜日、土曜日称呼一周中的每一天。

　　因为上帝在第七天的时候休息，所以，信仰上帝的人们也习惯在这天进行休息，并且要去教堂做礼拜。所以，这一天也被称为礼拜日或礼拜天。

我们平常说的礼拜一、礼拜二，也是从这里演变而来的。

不过同学们要注意的是，有些国家是把礼拜天作为一周开始的。而我们国家则一般是把星期一作为一个星期的开始，所以我们才会在星期一的早晨升国旗。

同学们可以仔细地观察一下身边的挂历，或者手机上的万年历，它们当中的第一列，有的是星期天，有的却是星期一。这就是因为参考了不同的习惯。

现在全世界大都实行五天工作制，一周有两天休息日。

因为只有清晨和傍晚，天气才凉快，所以一般都会安排在这段时间劳作

有人理解陶渊明所说的"晨兴理荒秽，戴月荷锄归"吗？这被不干农活的人理解成辛苦。只有真正的农民才会明白，种庄稼为什么要起早贪黑，因为只有清晨和傍晚，天气才凉快，所以一般都会安排在这段时间劳作。其实，陶渊明是想表达一种喜悦的"披星戴月"的心情。

3 科学的地球形成假说

世界各地流传着许多关于人类、地球产生的传说，这些传说大多没有科学依据，只是反映人们心中的猜测和幻想。地球到底是怎么形成的呢？

一直以来，科学家们对于太阳系的起源争论得很激烈。

主要有两种说法：一种是永恒说，主要观点是宇宙没有起点，也没有终点，一直存在；另一种是宇宙大爆炸说。

我们来介绍大爆炸说。

在很久很久以前，浩瀚的宇宙中还没有"太阳系"这样一个称谓，代替它的是另一个巨大的恒星。它的直径要比太阳系大得多。它有巨大的红色光芒，我们称它为"第一代太阳"。

某时，它的表面抖动起来，瞬间发出巨大的闪光，它爆炸了。这个恒星的外壳物质被炸到很远的地方，形成了巨大的星云团。它的范围有几光年，富含氢元素与少部分的重元素。它极速地飘远，耀眼的光芒将星云团照得绚丽夺目。这团星云物质在浩渺的宇宙中漫无目的地飘荡着，飘了很多年之后，星云来到了太阳系现在的位置。

这个位置的远处，一颗临近的巨大恒星也发生了超级爆炸。它爆炸的冲击波扰动了这团星云物质，在星云密度最大的地方发生了坍缩。

就这样，太阳像母亲子宫里面的胚胎一样，茁壮地发育，质量越来越大。太阳核心转速越来越快，物质间摩擦加剧，太阳核心的温度急剧升高。经过10万年的积累，在引力的作用下，收缩的星云呈扁平状，化成了直径约200个地日距离的原行星盘，并在中心形成一个热致密的原恒星（此时它还没有燃烧）。

45.68亿年前，原恒星的内部温度已经达到了10000 ℃，在极度的高压下，氢元素发生了核聚变。此时此刻，它真正成为我们熟知的太阳。核聚变从中心蔓延到了表面，像一盏刚刚点燃的油灯，慢慢地变亮。

太阳点燃产生的冲击波，与持续产生的太阳风，将星云物质从其附近吹向远处，并且引发了星云物质的进一步坍缩，形成行星。

最早提出太阳系起源于星云的理论是德国的哲学家康德（1755年提出）和法国天文学家拉普拉斯（1796年提出）。

哲学家康德　　　　　天文学家拉普拉斯

康德推测，46亿年前，宇宙间有一个由气体和尘埃组成的大星云。这星云内如火球，外面浓烟滚滚，并在宇宙间旋转。

在快速旋转中，由于引力作用，星云中大而密的部分把周围小而稀的部分吸收进去，逐渐形成了大而密的球体——太阳。

太阳周围的稀疏质点又相互碰撞，并逐渐向太阳赤道面集中，形成了围绕太阳运转的各个行星，其中一颗行星，就是现在我们生活的地球。

地球在形成之初，温度比较低，很多种物质混杂在一起。后来，由于地球内部的镭、铀等放射性物质的作用，引发火山爆发和强烈地震，逐步形成高山、丘陵和平原。

又由于太阳的照射，使地球的温度逐渐升高。地球内部物质在化学作用下，地壳释放出大量的二氧化碳、甲烷、氮气、水蒸气等。

简单的一句话：太阳是由上一代太阳爆炸剩下的残渣聚集而成的，感谢太阳给我们今天带来的光和热，让地球上万物得到生长。

4 应用在你生活中的经纬度

宇宙、地球留给我们的未解之谜太多了，全世界的科学家们都在不懈地努力，力争早一天能揭开这些奥秘。

相信凭着人类的聪明才智，在将来的某一天，人类一定会解开这些秘密。同学们要努力学习，也许将来在解开这些奥秘的人群里，就会有你的身影。

在你的生活和学习中，如果要去某个地方，你和伙伴们如何确定方向？是东，是西，是南，是北？要确定目标在什么位置。当然，这对现在的我们来说，是轻易可以解决的问题。

古代人在生活、生产、经商或战争中，也需要确定方向。但那时是很困难的，所以在古代，聪明的人类便有了给地球画上标记的想法。

公元前334年，亚历山大渡海南侵，继而东征，随军的地理学家尼尔库斯沿途收集资料，准备绘制一幅"世界地图"。

他发现沿着亚历山大东征的路线，由西向东，无论季节变换与日照长短，都很相似。于是，他作出了一个重要贡献——第一次在地球上画出了一条纬线，东西向，这条线从直布罗陀海峡起，沿着托鲁斯和喜马拉雅山脉一直到太平洋。

后来，长期担任古埃及亚历山大图书馆馆长的埃拉托斯，测算出地球的圆周是46250千米，他画了一张有7条经线和6条纬线的世界地图。

公元120年，克罗狄斯·托勒密综合前人的研究成果，认为绘制地图应将已知经纬度的定点作为依据，提出地图上绘制经纬度线网的概念。

克罗狄斯·托勒密

连接南北两极的半圆弧线，叫经线，因为经线指示南北方向，所以又叫子午线。

国际上规定，把通过英国伦敦格林尼治天文台原址的那条经线，叫做0°经线，又叫本初子午线。

与经线相垂直的线，叫纬线。

纬线与地轴垂直，沿着东西方向环绕地球一周，所有的纬线都是平行的，并与经线垂直。其中，赤道是最长的纬线，纬度为0°，整个地球沿着赤道向南和向北各分为90份，每份为1°。因此，南纬90°是南极，北纬90°是北极。

我国首都北京位于北纬39°纬线上。

经线和纬线，是人们为了在地球上确定位置和方向，在地球仪和地图上画出来的，地面上并没有画着经纬线。所以我们在地面上不会看到横竖的经纬线。

不过，若想要看到你所在地方的经线并不难：立一根竹竿

在地上，当中午太阳升得最高的时候，竹竿的阴影就是你所在地方的经线。

有了经纬线，在各种人造卫星的帮助下，人们便可以轻松地找到、确定一个位置，进行救灾救援、军事上的目标打击等。

我们现在使用的智能手机里，一般都会有一个地图APP，虽然名字不一样，但是它们显示定位的方式都是依靠经纬线。你要去某个地方，只要输入地址，导航就会把你引导到目的地。

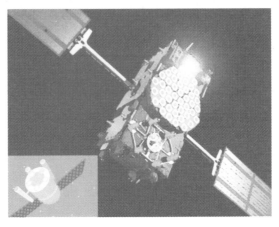

卫星导航系统

现在全世界成熟的卫星导航系统一共有四个，美国全球定位系统（GPS）、俄罗斯格洛纳斯卫星导航系统（GLONASS）、欧洲伽利略卫星导航系统（GSNS）和中国的北斗卫星导航系统（BDS）。

同学们外出郊游的时候，可以试一下爸爸妈妈手机里的定位程序，上面的经纬度的数值，可是会随着你的运动而变化的哟。

5 日历的门道

地球上的气候我们不能忽视。

历法，就是根据天象变化的自然规律，计量较长时间间隔的气候的变化，预示季节来临的法则。

人类使用历法已经有5000多年的历史了。几千年来，全世界各地的历法不下几百种，仅中国从古到今使用过的历法就有一百多种。不过，不管有多少种历法，都可以把它们分别归到以下三大系统中：阳历、阴历、阴阳合历。

阳历就是太阳历，是以地球绕太阳公转的周期为计算基础形成的。我们现在使用的公历就是阳历的一种，它又叫格里高利历，是源自基督教的一种纪年方式，现在在全世界范围内被广泛使用。

阳历的要点是定一年为365日，机械地分为12个月，

阳历就是太阳历

每月30日或31日（近代的公历还有29日或28日为一个月，例如每年二月）。这种"月"同月亮运转周期毫不相干，但是回归年的长度并不是整365日，而是365.242199日，即365日5时48分46秒。所以每隔四年便会多出一天来，那一年便叫做闰年，二月有29天。因此，要是碰巧在2月29日出生的同学就只能四年过一次生日了，跟奥运会可是一样的哟。

阴历就是月亮历，是以月亮绕地球公转的周期为计算基础，要求历法月同朔望月（月亮绕地球公转一周）基本符合。

朔望月的长度是29日12小时44分2.8秒，即29.530587日，两个朔望月大约相当于地球自转59周，所以阴历规定每个月中一个大月30日，一个小月29日，12个月为一年，共354日。由于两个朔望月比一大一小两个阴历月约长0.061日（大约88分钟），一年要多出8个多小时，三年要多出26个多小时，即一日多一点。为了补足这个差距，所以规定每三年中有一年安排7个大月，5个小月。

这样，阴历每三年19个大月，17个小月，共1063日，同36个朔望月的1063.1008日只相差2小时25分9.1秒。

阴历年同地球绕太阳公转毫无关系。由于它的一年只有354日或355日，比回归年短11日或10日多，所以阴历的新年，有时是冰天雪地的寒

阴历年同地球绕太阳公转毫无关系

冬，有时是烈日炎炎的盛夏。今天一些阿拉伯国家用的伊斯兰历，就是这种纯阴历。

阴阳合历，即阴阳历，是调和太阳、地球、月亮的运转周期的历法。它既要求历法月同朔望月基本相符，又要求历法年同回归年基本相符，是一种综合阴、阳历优点，调和阴、阳历矛盾的历法，所以叫阴阳合历。

我国古代的各种历法和今天使用的农历，都是这种阴阳合历。虽然在日常生活中有些大人把农历也叫做阴历，但是同学们要记住，我国的农历可是非常精准而先进的阴阳合历哟。

中国是世界上较早发明历法的国家之一，历法的出现对国家经济、文化发展有深远的影响。人们根据节气春种秋收，防暑御寒。为了便于记忆，人们还编出了各种各样的"二十四节气"歌诀：

春雨惊春清谷天，夏满芒夏暑相连。秋处露秋寒霜降，冬雪雪冬小大寒。每月两节不变更，最多相差一两天。上半年来六廿一，下半年是八廿三。

6 像剥鸡蛋那样解剖地球

　　我们把一枚煮熟的鸡蛋切开，可以看到蛋壳、蛋白和蛋黄。如果我们把地球切开，里面会是什么结构呢？告诉你，如果把地球切开，它和鸡蛋还真有些相似呢。

　　地球也是分为三层，最外面的一层叫地壳，中间的一层叫地幔，中心的部分叫地核。地壳相当于鸡蛋皮，地幔相当于鸡蛋清，地核相当于鸡蛋黄。

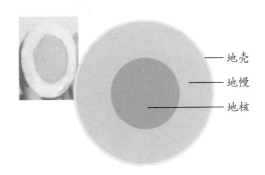

　　地壳　
　　地幔　
　　地核

地球的结构

　　地壳是地球固体地表构造的最外圈层，整个地壳平均厚度约17千米，人步行平均每小时4千米，要走过地壳厚度的距离，需4个多小时。地壳中大陆地壳厚度较大，平均为39～41千米。也就是说，按人步行的距离，需走10个小时，真是了不得的厚。

高山、高原地区地壳更厚，最高可达70千米。走过地壳高山，需要用20个小时。平原、盆地地壳相对较薄。不过薄厚也没人走过，这个步行距离只是个比较的说法。

大洋地壳则远比大陆地壳薄，厚度只有几千米。

我国的青藏高原是地球上地壳最厚的地方，厚有70千米以上。而靠近赤道的大西洋中部海底山谷地壳只有1.6千米厚。

青藏高原

地壳最薄的地方在哪里呢？那就是太平洋马里亚纳群岛东部的海沟。那是一条长2550千米、宽70千米的一条海下深沟，大部分水深都在8000米以上。最深处在斐查兹海渊，为11034米，是地球的最深点。马里亚纳海沟就像是地球身上一条深深的伤痕。

地幔就像鸡蛋里的蛋清，它的厚度约为2850千米，占地球总体积的82.3%，占地球总质量的67.8%，是地球的主体部分，它主要由固态物质组成。

地幔又被分成上地幔和下地幔两层。一般认为上地幔顶部存在一个软流层，推测是由于放射元素大量集中，变化放热，将岩石熔融后造成的，可能是岩浆的发源地。

软流层以上的地幔部分和地壳共同组成了岩石圈。我们知道的岩石，就是在这个部分。

下地幔温度、压力和密度均增大，物质呈可塑性固态。

鸡蛋清下面就是鸡蛋黄——地核，地核的平均厚度约3400千米，比北京到三亚的距离还长些。

地核还可分为外地核、过渡层和内地核三层。

外地核厚度约2080千米，物质大致呈液态，可流动；过渡层的厚度约140千米；内地核是一个半径为1250千米的球心，主要由铁、镍等金属元素构成。

地核的温度和压力都很高，估计温度在5000 ℃以上，压力达1.32亿千帕以上，密度为13克/厘米^3。

同学们，以后我们再吃煮鸡蛋的时候，可以仔细地把鸡蛋一层层地剥开，体验一下解剖地球的感觉。

7 地球的编年史（上）

我们都知道地球的年龄约46亿岁，如果和我们人类对比，大致相当于人的中年期，那么地球的童年期、少年期、青年期是什么样子呢？

根据生物的发展和地层的形成顺序，我们把它划分为若干自然时段，叫做地质年代。现在我们看看它都分成哪些阶段。

太古宙

地质年代分期的第一个宙，约开始于40亿年前，结束于25亿年前，在这个时期形成了最早的陆地基地，晚期还发现有菌类和低等藻类存在。

元古宙

大约开始于25亿年前，结束于5.7亿年前，这一时期藻类、菌类开始繁盛，晚期出现了无脊椎动物。

显生宙

显生宙作为第三个宙，又分为古生代、中生代和新生代。

古生代是显生宙的第一个代，约开始于5.7亿年前，结束于2.5亿年前，分为寒武纪、奥陶纪、志留纪、泥盆纪、石炭纪、

19

二叠纪。这一时期生物开始繁殖，以无脊椎动物为主。松柏也在这时候出现。

寒武纪：古生代的第一个纪，约开始于5.7亿年前，结束于5.1亿年前。这一时期陆地下沉，北半球大部分被海水淹没，生物群以无脊椎动物尤其是低等腕足类为主。

奥陶纪：古生代的第二个纪，约开始于5.1亿年前，结束于4.38亿年前。这一时期出现了三叶虫、笔石等动物。

三叶虫化石

志留纪：古生代的第三个纪，约开始于4.38亿年前，结束于4.1亿年前。这一时期有强烈的造山运动，生物群中腕足类和珊瑚繁盛，无颌类发育，末期出现了原始陆生植物裸蕨。

泥盆纪：古生代的第四个纪，约开始于4.1亿年前，结束于3.55亿年前。昆虫和原始两栖类孕育。

石炭纪：古生代的第五个纪，约开始于3.55亿年前，结束于2.9亿年前。这一时期气候温暖湿润，植物中出现了羊齿植物和松柏，埋藏在地下经炭化和变质形成煤层，动物中也出现了两栖类。

二叠纪：古生代的最后一个纪，约开始于2.9亿年前，结束于2.5亿年前。这一时期地壳构造运动强烈，动物中的菊石类、原始爬虫动物和植物中的松柏发展起来。

中生代是显生宙的第二个代，约开始于 2.5 亿年前，结束于 6500 万年前，又分为三叠纪、侏罗纪和白垩纪。这一时期的主要动物是爬行动物，同学们熟知的恐龙，如霸王龙（暴龙）、犬齿龙、三角龙等在这个时期开始繁盛，哺乳类和鸟类也开始出现，植物主要有银杏、苏铁和松柏。

三叠纪：中生代的第一个纪，约开始于 2.5 亿年前，结束于 2.05 亿年前。这一时期动物多为头足类、甲壳类、鱼类、两栖类、爬行类，植物主要有苏铁、松柏、银杏、木贼和蕨类。

恐龙

侏罗纪：中生代的第二个纪，约开始于 2.05 亿年前，结束于 1.35 亿年前。这一时期爬行动物非常繁盛，出现了巨大的恐龙、空中飞龙和始祖鸟。

白垩纪：中生代的第三个纪，约开始于 1.35 亿年前，结束于 6500 万年前。这一时期造山运动非常剧烈，我国许多山脉都在这时形成。动物中以恐龙最盛，但在末期逐渐灭绝；显花植物繁盛，出现了热带植物和阔叶树。

8　地球的编年史（下）

新生代是显生宙的第三个代，约从6500万年前至今，分为古近纪（老第三纪）、新近纪（新第三纪）和第四纪。这一时期哺乳动物繁盛，生物高度发展，第四纪初期有人类出现。

古近纪：新生代的第一个纪，约开始于6500万年前，结束于2300万年前。这一时期的哺乳动物除陆地生活的以外，空中有蝙蝠、水里有鲸类等，被子植物繁盛。

蝙蝠

新近纪：新生代的第二个纪，约开始于2300万年前，结束于160万年前。这一时期哺乳动物继续发展，形体变大，一些古老类型灭绝，高等植物同现代类似，低等植物硅藻多见。

22

第四纪：新生代的第三个纪，即新生代的最后一个纪，也是地质年代分期的最后一个纪，约开始于160万年前，直到今天。在这个时期里，有多次冰川作用，地壳与动植物等已经具有现代轮廓。初期开始出现人类的祖先（如北京猿人、德国的尼安德特人）。

新生代的最后一个纪，初期开始出现人类的祖先
（如北京猿人、德国的尼安德特人）

看完这个对地球年代的划分，你了解了吗？是不是很复杂？为了方便同学们理解，我们把它绘制成表格，让大家看起来更直观一些。

宙	代	纪	世	代号	距今大约年代（百万年）	主要生物进化	
						动物	植物
显生宙	新生代	第四纪	全新世	Q	— 1 —	人类出现	现代植物时代
			更新世		— 2.5 —		
		新近纪	上新世	N	— 5 —	哺乳动物时代 古猿出现	被子植物时代 草原面积扩大
			中新世		— 24 —		
		古近纪	渐新世	E	— 37 —		
			始新世		— 58 —	灵长类出现	被子植物繁殖
			古新世		— 65 —		
	中生代	白垩纪		K	— 137 —	爬行动物时代 鸟类出现 恐龙繁殖	裸子植物时代 被子植物出现
		侏罗纪		J	— 203 —		裸子植物繁殖
		三叠纪		T	— 251 —	恐龙、哺乳类出现	
	古生代	二叠纪		P	— 295 —	两栖动物时代 爬行类出现 两栖类繁殖	孢子植物时代 裸子植物出现
		石炭纪		C	— 355 —		大规模森林出现
		泥盆纪		D	— 408 —	鱼类时代 陆生无脊椎动物发展和两栖类出现	小型森林出现
		志留纪		S	— 435 —		陆生维管植物
		奥陶纪		O	— 495 —	海生无脊椎动物时代	
		寒武纪			— 540 —	带壳动物爆发	
		震旦纪		Z	— 650 —	软躯体动物爆发	
元古宙	新元古			Pt	— 1000 —	低等无脊椎动物出现	高级藻类出现
	中元古				— 1800 —		
	古元古				— 2500 —		海生藻类出现
太古宙	新太古			Ar	— 2800 —	原核生物（细菌、蓝藻）出现 （原始生命蛋白质出现）	
	中太古				— 3200 —		
	古太古				— 3600 —		
	始太古				— 4600 —		

9　海和洋的形成与不同

我们都知道，海洋占据了地球的很大部分。

辽阔的海洋占地球表面近3/4的面积，海水是地球水的主体，占地球总水量的96.53%。

很多人都有这样的疑问，这么多的水，到底是从哪里来的？即使每天下雨，经过几十年、几百年，也不会形成这么多的海洋。

有人认为这些水是地球固有的。当地球从原始太阳星云中凝聚出来时，这些水便以结构水、结晶水等形式存在于矿物和岩石中。之后，随着地球的不断演化，它们便逐渐从矿物和岩石中释放出来，成为海水的来源。例如，在火山活动中总是有大量水蒸气伴随岩浆喷溢出来，这些水汽便是从地球深部释放出来的"初生水"。

另一些科学家则认为，地球上的水是由撞入地球的彗星带来的。

关于地球上海洋的形成，科学界有多种学说，支持者众多的主要有两类：一类是原生说，另一类是外来说。

支持原生说的科学家认为，35亿年前，宇宙的尘埃云不断凝聚，最终形成了地球，接着地球快速自转，从而使熔融状态下的原始物质里的水分不断地向地表移动，最终逐渐释放出来。当地球表面温度降至100℃以下时，呈气态的水就凝结成雨降落到地面，从而形成了海洋。

支持外来说的科学家又分为两个流派，其中一派认为，大量的陨石降落到地球表面，从而把宇宙中的水带到了地球，最终形成了海洋。另一派则认为，太阳辐射带来的带正电的基本粒子——质子，与地球大气中带负电的电子结合成氢原子，然后与氧原子化合，从而形成了水分子，最终形成了海洋。

那么，海水为什么是咸的呢？原来原始海洋中的海水不是咸的，而是带酸性且缺氧的。由于水分不断蒸发，反复地形成云致雨，重新落回地面，把陆地和海底岩石中的盐分溶解，不断地汇集于海水中。经过亿万年的积累融合，才变成了大体均匀的咸水。

海洋的中心部分称为洋，边缘（也就是靠近陆地的地方）称为海

　　还有一点同学们要清楚，海和洋是不一样的，是两个概念。简单地说，海洋的中心部分称为洋，边缘（也就是靠近陆地的地方）称为海。

　　洋，是海洋的中心部分，是海洋的主体。世界大洋的总面积约占海洋面积的89%。大洋的水深，一般在3000米以上。大洋离陆地遥远，不受陆地的影响。每个大洋都有自己独特的洋流和潮汐系统。大洋的水色蔚蓝，透明度很高，水中的杂质很少。

大洋的水色蔚蓝，透明度很高，水中的杂质很少

　　海在大洋的边缘，是大洋的附属部分。海的面积约占海洋的11%，海的水深比较浅，平均深度从几米到几千米。由于海靠近大陆，受大陆、河流、气候和季节的影响，水的温度、盐度、颜色和透明度都受陆地影响，出现明显的变化，有的海域海水冬季还会结冰。河流入海口附近，海水盐度会变淡、透明度差。和大洋相比，海没有自己独立的海流和潮汐。

27

10 撕裂的地球——陆地的形成

大多数人认为，地球约在46亿年前形成。

在形成的初期，各地的高度基本差不多，没有明显的海陆之分。

约40亿年前，地球表面出现了由较坚固的岩石构成的地壳。在36亿年前，地球表面才被水层覆盖。也就是说，那时的地球被原始海洋覆盖。

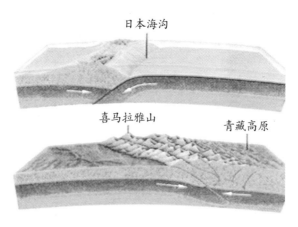

约40亿年前，地球表面出现了由较坚固的岩石构成的地壳

后来，随着时间的推移，地球不断冷却，而且发生一定程度的收缩。收缩的结果是地球表面产生了凹凸，就像干缩了的苹果，其表面出现了褶皱。

收缩还会使本来并不坚固的硬壳发生破裂。于是，地球内部熔融的岩浆便沿着裂缝喷涌而出。

天长日久，这些喷发出来的岩浆越堆越高，终于成为高出原始海洋的火山岛。

根据目前已知的最古老岩石的分布，最初的陆岛大概分布在今天的澳大利亚大陆的西部、格陵兰岛西部和非洲大陆南部等地。

陆岛出现后，在太阳的光、热以及地球本身的重力作用下，陆岛上的岩石被风化、侵蚀。那些被风化、侵蚀下来的碎屑物质，被搬运到陆岛的四周沉积下来，形成早期的沉积层。

后来，随着地壳的演变，沧桑巨变，这些早期的沉积层也被抬升出海面，使陆岛面积不断得到扩大。其中一些相邻不远的陆岛，由于不断扩大，最终拼接成一块较大的陆地。

当然，陆地的形成并不都是朝着由小而大的方向发展的。有些较大的陆地，有时会因地球的演变而碎裂成若干小块。

有些甚至因受到巨大陨石的猛烈冲击，转化成一个深陷的凹坑，重新被海水淹没。

特别是板块运动发生以后，陆地和陆地之间会因漂移、碰撞而连接成为一体，如印度次大陆和亚洲大陆，就是通过这样的作用拼接在一起的。

板块运动发生以后，陆地和陆地之间会因漂移、碰撞而连接成为一体

相反，有的大陆也会因破裂、漂移而演变成今天这个样子，如非洲大陆与南美洲大陆。

应该指出的是，上面关于大陆形成的观点，并不是唯一的用于解释大陆起源的理论。随着人类宇宙探测活动的开展，人们从其他天体的物质现象获得了许多新的启示，特别是从宇宙天体中广泛存在的巨大陨石坑来看，有些研究者认为：也许海陆的形成并不像前面说的那样，海洋是原始的，大陆是后生的；而更有可能是，大陆是原来就有的，海洋则是由巨大陨石撞击后形成的陨石坑发展来的。

我们在探讨地球来源这样"天大的问题"时，总是要提出多种说法，也就是科学假说，不敢咬定哪一种就是正确的。因为地球的年纪相比人类来说，实在是太大了。人类不是地球形成的现场目击者，只能取诸物证，并用物理运动规律加以证明。这些都需要科学和技术手段的不断进步。同时，还需要天体物理学上的新发现和理论上的新发展。天体理论也会继续推演下去，一步步接近真理。由于这种不确定的神秘，所以天体物理学是一门有趣的科学。

11 精美的石头会唱歌

环顾四周，随处可见石头。

山是石头的，地上有石头，河里有石头。城市中有石头铺成的路面，石头砌成的建筑物和台阶，石头装饰的墙面等。

这些石头虽然颜色、结构、成分都不一样，但是我们可以统称它们为石头。

地质学家们称地球上的石头为岩石。

地质学家们称地球上的石头为岩石

这些石头有多少种呢？按照成因，地球上的岩石主要分为

三大类：沉积岩、变质岩和岩浆岩。

地球上的岩石圈就是由这三类岩石组成的。

沉积岩是在地表不太深的地方，其他岩石的风化产物和一些火山喷发物经过水流或冰川的搬运、沉积、成岩作用形成的岩石。

在地表，有70%的岩石是沉积岩，沉积岩主要包括石灰岩、砂岩、页岩等。

沉积岩中所含的矿产，占全部矿产蕴藏量的80%。

与岩浆岩和变质岩相比，沉积岩中的化石所受破坏较少，也较易完整保存，因此对考古学来说，沉积岩是十分重要的研究目标。

化石不是我们所说的地球岩石。化石是存留在岩石中的古代生物遗体、遗物或遗迹，最常见的是骨头、贝壳等。

研究化石可以了解生物的进化，并能帮助确定地层的年代。

变质岩是在高温、高压和矿物质的混合作用下，由一种岩石自然变质成的另一种岩石，是在地球内力的作用下形成的一种新型岩石。

变质岩也是组成地壳的主要成分，变质岩一般是在地下深处的高温（大于150℃）、高压下产生的，后来由于地壳运动而露出地表。

常见的变质岩有大理岩、石英岩、板岩、片岩等。

岩石在变质过程中形成新的矿物，所以变质过程也是一种重要的成矿过程。锰钴铀共生矿、金铀共生矿、云母矿、石墨矿、石棉矿等都是变质作用造成的。

岩石在变质过程中形成新的矿物

岩浆岩又称火成岩，是由岩浆喷出地表或侵入地壳，冷却凝固所形成的岩石，有明显的矿物晶体颗粒或气孔，约占地壳总体积的65%，约占地球总质量的95%。

岩浆是在地壳深处或上地幔产生的高温炽热、黏稠、含有挥发成分的硅酸盐熔融体，是形成各种岩浆岩和岩浆矿床的母体。

岩浆的发生、移动、聚集、变化及冷凝成岩的全部过程，称为岩浆作用。常见的岩浆岩有花岗岩、花岗斑岩、流纹岩、正长岩、闪长岩、安山岩、辉长岩和玄武岩等。

岩浆岩主要有侵入和喷出两种产出情况。侵入岩是在地壳一定深度上的岩浆经缓慢冷却而形成的岩石，侵入岩固结成岩需要的时间很长。地质学家们曾做过估算，一个2000米厚的花岗岩体完全结晶大约需要64000年。

12 隆起的高山有贝壳

我们知道地壳妈妈有7个儿子，它们的名字分别叫做亚欧板块、非洲板块、北美洲板块、南美洲板块、太平洋板块、印度板块和南极洲板块。7个兄弟活泼好动，总是在不停地走来走去，或者互相碰撞。

有一天，调皮的印度板块想跟北面的亚欧板块玩，可亚欧板块不接纳它，不但不理睬它，还嫌它烦人，排斥它。印度板块生气了，它不断地向北移动，猛地冲向亚欧板块。

两兄弟就这样互不服气，挤来挤去。时间久了，一些地方凸起来，另外一些地方凹下去，凸起来的地方就形成了山。

形成山的主要动力是地壳的水平挤压。

一种是由于地球自转速度的变化，造成的东西向的水平挤压；另一种是由于在不同纬度上地球自转的线速度不同，造成的地壳向赤道方向的挤压。

这两种挤压，再加上地壳受力不均所造成的扭曲，就形成了各种走向的山脉。

喜马拉雅山脉

像喜马拉雅山脉这样的大山，就是因为印度板块继续切入，受到挤压，地层褶皱隆起，致使青藏高原快速隆起，形成山脉。

地壳中比较坚实刚硬的部分，在地壳发生运动时，往往会发生断裂。在断裂的两侧，相对上升或下降，有时会突出地面成为高山。

地壳中的一些"柔弱"地带，往往较易受地壳剧烈运动产生褶皱隆起，从而形成绵亘的山脉。

世界上的许多山脉就是这样形成的。

地壳运动造成了地面的凹凸不平后，经过气候、流水以及冰川的侵蚀、冲刷，就有了如今这样崇山峻岭的形象。

由于地壳运动并未停歇，一些新生代形成的山脉直到现在还在不间断地上升，喜马拉雅山的主峰珠穆朗玛峰成为地球上的最高峰，达到8844.43米。

现在，印度板块仍在以每年大于5厘米的速度向北移动，所以说喜马拉雅山脉现在仍在不断上升中，就像个还没有长大的孩子，每年都在长个儿。

　　同学们能想到吗，早在20亿年前，喜马拉雅山脉的广大地区是一片汪洋大海。两大板块的撞击，让地壳发生了一次强烈的造山运动，在地质上被称为"喜马拉雅运动"。

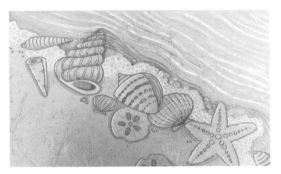

早在20亿年前，喜马拉雅山脉的广大地区是一片汪洋大海

　　"喜马拉雅运动"使这一地区逐渐隆起，形成了世界上最雄伟的山脉。所以，现在在喜马拉雅山脉发现海洋贝壳的化石就不奇怪了。

　　地壳局部受力，岩石急剧变形，而大规模隆起形成山脉的运动，被称为"造山运动"。造山运动为地球造出了大小各异、千姿百态、鬼斧神工的一座座大山，成为我们休闲旅游、让心灵得到放松的好去处。

　　在我们国家，比较有名的大山当属"五岳"了，即东岳泰山（海拔1545米，位于山东省泰安市泰山区）、西岳华山（海拔2154.9米，位于陕西省渭南市华阴市）、南岳衡山（海拔1300.2米，位于湖南省衡阳市南岳区）、北岳恒山（海拔2016.1米，位于山西省大同市浑源县）、中岳嵩山（海拔1491.71米，位于河南省郑州市登封市）。

36

13 凹陷的盆地

地壳运动，地下的岩层因受到挤压或拉伸，会变得弯曲或产生断裂，使有些部分的岩石隆起，有些部分的岩石下降。如果下降部分被隆起部分包围，盆地的雏形就形成了。

许多盆地在形成以后，还被海水或湖水淹没过，在我国像四川盆地、塔里木盆地、准噶尔盆地等，都遭遇了这样的经历。

后来，随着地壳的不断抬升，加上泥沙的淤积，盆地内部的海、湖慢慢地退却干涸，只剩下一些河水或小溪。如果大量生物死亡以后被埋入淤泥中，就会成为形成石油、煤炭的物质基础。

还有一些盆地，主要是由地表外力，比如风力、雨水等破坏作用而形成的。河流沿着地表岩石比较柔软的地方向下侵蚀、切割，形成各种不同大小的河谷盆地。

在我国西北部广大干旱地区，风力特别强，把地表的沙石吹走以后，形成了碟状的风蚀盆地。我国甘肃、内蒙古和新疆等地区的一些盆地就是这样形成的。

不光陆地上有盆地，海洋里也有盆地。海洋盆地位于大洋

中脊与大陆边缘之间。海洋盆地被海岭等正向地形所分割，构成若干外形略呈等轴状、水深在4000～5000米的海底洼地，称洋盆。

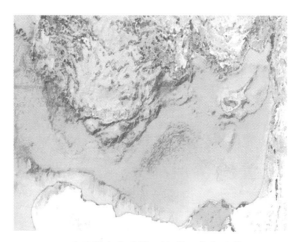

不光陆地上有盆地，海洋里也有盆地

洋盆千姿百态的图形，地质学家们已经详尽地描绘出来。这里有一望无际的深海平原，它的坡度小于万分之一，是世界上最平坦的区域。这里有狭长的海底高地，常常由一些链条形状的海底火山构成，地质学家把它称为海岭。

不过这些海岭与大洋中脊那样巨大的海岭比，它们在地质构造上是很不相同的。

在洋盆中，还能见到此起彼伏的比较和缓的地形，如同陆地上的丘陵一样，叫做深海丘陵。这种地形在洋盆中有很多。

洋盆中一些长度和深度比海沟都要小得多的凹地，叫做海槽。

洋盆中还有一些孤立的、圆锥形的山峰，起伏不大，高度在1000米左右，这就是海山。

世界上著名的盆地有西伯利亚盆地、刚果盆地、南美大盆地等。

我国主要有四大盆地：塔里木盆地、准噶尔盆地、柴达木盆地和四川盆地。

柴达木盆地

油气资源容易在盆地生成，世界上很多能源产地都分布在盆地。

里海盆地的原油产量曾占世界原油总产量的50%。俄罗斯的秋明油田就在西伯利亚盆地。我国的大庆油田在松辽盆地。现在被世界瞩目、战乱不断的中东，那里的波斯湾盆地是当代全球主要的石油产地。

14 地球的伤疤

　　伤疤，众所周知是被外力伤害后留下的疤痕。不过今天聊的地球的伤疤可不是被外力伤害造成的，它不仅不难看，反而还是地球上的一道奇景。它就是东非大裂谷。

从卫星图像上看，它好像是地球上的一道巨大疤痕

　　东非大裂谷是世界上最大的断裂带。从卫星图像上看，它好像是地球上的一道巨大疤痕。当乘飞机穿越浩渺的印度洋进入东非大陆的赤道上空时，从窗口向下望去，会看到一个巨大

的裂谷地带横亘在眼前，你顿时会感觉到大自然的伟大和神奇，这就是著名的东非大裂谷，亦称东非大峡谷或东非大地沟。据美国宇宙飞船测量，大裂谷每年以几毫米到几十毫米的速度加宽。有科学家预言，如果按这样的速度继续，2亿年后，它将撕裂出一个新的大洲。这道长度相当于地球周长1/6的大裂谷，气势异常宏伟，景色蔚为壮观，从过去到现在，不知有多少人为此着迷。

东非大裂谷

地质学家考察研究认为，大约3000万年以前，这一地区的地壳处在大运动时期，整个区域出现抬升现象，地壳下面的地幔物质上升分流，产生巨大的张力，正是在这种张力的作用下，地壳发生大断裂，从而形成裂谷。由于抬升运动不断进行，地壳的断裂不断产生，地下熔岩不断涌出，渐渐形成了高大的熔岩高原。高原上的火山则变成众多的山峰，而断裂的下陷地带则成为大裂谷的谷底，总长6400千米。

　　东非大裂谷下陷开始于渐新世，主要断裂运动发生在中新世，大幅度错动时期从上新世一直延续到第四纪。北段形成红海，使阿拉伯半岛与非洲大陆分离。马达加斯加岛在几条活动裂谷的扩张作用下，也与非洲大陆分裂开。

　　东非大裂谷是一个水资源非常丰沛的地方，非洲大陆上最多的水源汇聚在这里，大大小小共有30多个湖泊，例如马加迪湖、坦噶尼喀湖、马拉维湖、图尔卡纳湖和阿贝湖等。这些裂谷带的湖泊是湛蓝的，边际十分辽阔壮美，形式千变万化。湖区不仅是人类旅游观光的胜地，而且因为水量丰沛，滋养了湖泊旁边的土地。那里植被茂盛，吸引了众多的野生动物，如大象、河马、非洲狮、犀牛、羚羊、狐狼、红鹤、秃鹫等都在这里栖息。可以说大裂谷地区集中了非洲最丰富的植物和动物资源，一幅美丽的地球生态画卷活灵活现地展现在人们眼前。

　　坦桑尼亚和肯尼亚政府将这里辟为野生动物自然保护区。位于肯尼亚峡谷纳库鲁近郊的纳库鲁湖，是一个鸟类资源丰富的湖泊，平常这里会有5万多只火烈鸟聚集，最多时可达15万只。同学们想象一下，成千上万只鸟儿整齐地飞过湛蓝的湖面，是不是"虽不能至，然心向往之"了呢？

　　东非大裂谷的另一个特色是它可能是人类文明最早的发源地，关于这方面的知识，在《人类来了》一书中同学们会有更多了解。

15 马里亚纳海沟

　　地球上的最低点有多深？是海平面下11034米。如果对于这个深度没什么概念的话，那我就举个例子吧。假设把珠穆朗玛峰和日本富士山叠罗汉放到那里也只不过能露出1000多米。这么深的地方在哪里呢？马里亚纳海沟（或称马里亚纳群岛海沟）地处北太平洋西方海床近关岛的马里亚纳群岛的东方，为两板块辐辏之俯冲带，太平洋板块于此俯冲于菲律宾海板块之下。

马里亚纳海沟

那里的海底跟我们知道的可以去潜水的海底相同吗？当然不同，而且差别还很大呢。普通人一般的潜水深度是40米左右，现存体形最大的生物——蓝鲸下潜到500米大概也是极限了，而且水深达到1000米后，光线无法到达，四周将陷入无边无际的黑暗。在那么深的海洋中，我们一定会认为那里是非常寒冷的，可是事实并非如此。在马里亚纳海沟里，大约2000米的深度，有一个被称为"黑烟囱"的热泉，它周围水的温度可高达450℃。

从海平面下潜到马里亚纳海沟的过程中，我们会见到巨型乌贼、凶猛的黑龙鱼、尖牙鱼等长相奇葩的生物，瞬间会以为自己到了外太空。除了神奇的生物，还有液态硫、液态二氧化碳等一系列不容易见到的奇异存在。

这一万多米深度的探险，人类当然不是一次性就达成的，而是花费了上百年的时间，一步一步摸索出来的。1899年，人类在关岛东南首先测到内罗渊的深度为9660米，这一记录一直保持了30年。1960年，美国海军中尉唐纳德·沃尔什和雅克·皮卡德驾驶深潜艇的里雅斯特号第一次史无前例地潜航抵达海沟底部。艇上系统显示深度为11521米，但后来修正为10916米。2012年，导演詹姆斯·卡梅隆驾驶单人深潜器"深海挑战者号"下潜到10898米。卡梅隆是抵达海沟底部的第三个人，也是单独下潜的第一人。这个卡梅隆就是好莱坞那位拍出了《终结者》《泰坦尼克号》和《阿凡达》的大导演。

2012年6月15日，中国第一次有人造访了马里亚纳海沟。蛟龙号在马里亚纳海沟进行第一次试潜，最终成功潜入水下

6671米。蛟龙号在马里亚纳海沟共进行了六次试潜，最大下潜深度为7062.68米，均刷新了我国人造机械载人潜水最深的纪录，也是世界同类作业型潜水器最大下潜深度纪录。

蛟龙号

有些说法认为，蛟龙号的下潜深度尚不及20世纪的"的里亚斯特"等深潜器，但其实这种说法混淆了探险型深潜器和作业型深潜器的特点。无论是"的里亚斯特"还是"深海挑战者"，它们都属于探险型深潜器，特点是一次性使用、空间狭小且不具备深海作业能力，更不要说进行深海科研。这种探险型深潜器的唯一作用就是达到一个数字上的"纪录"，除此之外无任何意义。与这些探险型潜水器不同，中国蛟龙号深海探测器不是单纯追求深度数字，其主要任务是进行深海科研和作业。

人类对于马里亚纳海沟的探索与研究目前只是九牛一毛，还有大量尚未破解的谜团等待着同学们去探索。

16 地球之肾——湿地

　　湿地是一种独特的生态系统，通常永久或季节性的被水掩盖，并且许多无氧过程在湿地中具有优势。关于什么是湿地，世界各国都有自己的说法，而每个国家内部的土壤学家、地质学家、植物学家、动物学家又根据自己的知识结构做出了不同的解释。终于，在1971年，世界各国在伊朗开了个会，发布了《湿地公约》。《湿地公约》里说，湿地是天然或人工的、长久或暂时的沼泽地、湿原、泥炭地或者水域地带（包括静止或流动的淡水、咸水，低潮时水深不超过6米的水域）。

　　湿地是陆生生态系统和水生生态系统的过渡性地带，许多水生植物生长在土壤浸泡的特定湿地环境中。这些能够适应独特水土环境的水生植物也常是区分湿地与其他地形、水体的特征植被。湿地广泛分布于世界各地，拥有众多的野生动植物资源，是重要的生态系统。很多珍稀水禽的繁殖和迁徙离不开湿地，因此湿地被称为"鸟类的乐园"。湿地有强大的生态净化作用，因而又有"地球之肾"的美名。湿地具有多种功能：保护生物多样性，调节径流，改善水质，调节小气候，以及提供食物及工业原料，提供旅游资源，等等。

湿地是陆生生态系统和水生生态系统的过渡性地带

　　在人口数量急剧增加和经济快速发展的双重压力下，20世纪中后期，大量湿地被改造成农田，加上过度的资源开发和污染，湿地面积大幅度缩小，湿地物种受到严重破坏。为了保护湿地以及湿地中的丰富物种，1971年2月2日签署了全球政府间保护公约——《湿地公约》，也就是前面提到的给湿地下定义的公约。到2014年1月，已有168个缔约国，2170块湿地被列入国际重要湿地名录。

　　地球上的每个大陆都有湿地，可分为五大类型，分别是沼泽湿地、近海及海岸湿地、河流湿地、湖泊湿地和库塘。沼泽湿地是最典型的湿地类型，随着对湿地更广泛的认知，许多含水区域也被归为湿地。

　　位于巴西和玻利维亚交界处的潘塔纳尔湿地，被普遍认为是世界上最大的湿地，其面积大小和我国的广东省差不多。我

国最有名的湿地当属东北的三江平原。三江平原属于沼泽湿地，曾经的北大荒就是典型代表。不知道同学们有没有听家里的老人念叨过"棒打狍子瓢舀鱼，野鸡飞到饭锅里"，描述的就是沼泽湿地的风情。还有红军长征所经过的四川西北部的若尔盖高原，也是一片著名的湿地，现在已经被开发成了一片风景区，在那里建起的木制栈道，既保护了人们的安全，又可以让大家更接近真实的湿地。

三江平原属于沼泽湿地，曾经的北大荒就是典型代表

⑰ 地球的衣服——森林

　　森林是一个树木高密度占据的区域，大约占地球表面积的9.4%，占全球总陆地面积的30%，工业化前，森林约占地球表面积的15.6%，占全球总陆地面积的50%。森林可以调节大气中的二氧化碳浓度，同时在调节动物群落结构和巩固土壤方面有重要作用，是地球生物圈中最重要的生境之一。森林生态系统对全球碳循环有重大意义。首先，陆地生态系统通过植物的生长吸收大量的人为排放的二氧化碳，而森林是主要的碳吸收贡献者。其次，森林生态系统是巨大的碳蓄积库，拥有储蓄大于大气中碳蓄积2倍的能力。

　　森林中的生物量主要以树木为主，不同的文化对森林有不同的定义。森林一般是指一块有许多树木的区域。但也有定义认为，任何植物密度高的区域都可以视为森林，例如水底的植被（海藻林），甚至包括真菌。而联合国粮食及农业组织（FAO）将森林定义为面积在5000平方米以上、树木高于5米、林冠覆盖率超过10%，或树木在原生境能够达到这一阈值的土地。不包括主要为农业和城市用途的土地。

49

森林中的生物量主要以树木为主，不同的文化对森林有不同的定义

典型的森林由林上（林冠）和林下组成。林下可以再细分为灌木层、草本层和苔藓层，以及土壤中的微生物。在一些复杂的森林中，会有一些较低的树木。森林给人类提供许多不同的资源，对人类非常重要，如储存二氧化碳、调节气候、净化水源、减轻自然灾害（洪水）等。森林中的生物种类多，包括陆地上90%的生物多样性。

地球上第一个已知的森林伴随着古羊齿蕨的进化，出现在泥盆纪晚期（约3.8亿年前）。古羊齿蕨是一种树状蕨类植物，又称古蕨，它高约10米。古羊齿蕨出现在地球上以后，迅速从赤道向南北扩散，很快蔓延到世界各地，成为地球上的主要树种之一。几乎所有可居住的陆地区域都能发现此种植物。古羊齿蕨是第一种进化出发达地下根系的植物，因此对土壤中的化学作用产生了深远的影响，生态系统一旦发生变化，就会对未来产生影响。古羊齿蕨的残枝败叶落到地上，腐烂变质，为土壤提供了有机物，土壤环境的改变滋养了淡水条件，直接促进淡水鱼类的演化，其结果是淡水鱼类的数量和品种都在那个时期爆发性地增长，从而进一步影响其他海洋生态系统的演变。

　　科学地研究森林物种及物种与环境的相互影响被称为森林生态，森林管理往往被称为林业。然而，在过去数百年来，森林被过度采伐，令地球上不少物种因此绝种或濒临绝种。孟子曾说："斧斤以时入山林，材木不可胜用也。"一语道破森林永续经营的重要性。目前以可持续为前提的森林管理方法称为可持续森林管理，其重点是同时保护一体化的生态、社会和经济价值。

科学地研究森林物种及物种与环境的相互影响被称为森林生态，
森林管理往往被称为林业

　　森林资源是有限的，不合理地砍伐森林会造成生态灾难。因此，处理好经济增长与环境保护间的矛盾，建立森林保护体系，是保证森林资源持续而高效利用的前提。

18 色若渥丹，灿如明霞——丹霞地貌

不知道同学们有没有听过"丹霞地貌"这个名词。如果没有的话，那么请在我的描述中想象一下吧。连绵起伏的群山，穿着一件彩色织锦的衣裳，衣服上有宽宽的条纹，大片是赤红，点缀有树、草和其他的土石，好一番神奇的景象。只有具有神奇力量的大自然才能将它创造，它仿佛是从天而降的一枚印章，是用朱砂在大地上留下的印记。怎么样？现在同学们的脑子里是不是多少有点形象了呢？没错，丹霞地貌简单地说就是红色的大山。

丹霞地貌被定义为"有陡崖的陆上红层地貌"。1928年，中国地质学家冯景兰等在广东省仁化县丹霞山考察时首先命名。形成丹霞地貌的是一种沉积在内陆盆地的红色岩层，这种岩层在千百万年的地质变化过程中，被水切割、侵蚀，形成了红色山块群。不过，目前还没有关于丹霞地貌的精确定义，地质学家们还在不停地争论。争论的重点主要在构成丹霞地貌的岩石种类和形成过程这两个问题上，但是对于丹霞地貌的显著特点大家还是普遍认同的，那就是红色岩层和陡坡峭壁。

丹霞地貌被定义为"有陡崖的陆上红层地貌"

　　丹霞地貌在我国广泛分布，目前已查明丹霞地貌1005处，分布于全国28个省（区、市）。在热带、亚热带湿润区、温带湿润—半湿润、半干旱—干旱区和青藏高原高寒区均有分布；最低海拔可以形成于东部的海岸带，最高海拔可以出现在4000米以上的青藏高原。但相对集中分布在东南、西南和西北三个地区。除中国外，在中欧和澳大利亚等地均有分布，但在中国分布最广。1928年，冯景兰等将构成丹霞山的红色地层及粤北相应地层命名为"丹霞层"。1938年，陈国达首次提出"丹霞山地形"的概念。1939年，陈国达正式使用"丹霞地形"这一分类学名词，以后，丹霞层、丹霞地貌的概念便被沿用下来。这种地形在美国西部、中欧、澳大利亚等地也有分布，其中美国的科罗拉多大峡谷是典型的丹霞地貌。在广东丹霞山设立的"中国红石公园"，总面积有319平方千米，2004年经联合国教科文组织批准，成为中国首批世界地质公园之一。

这种地形在美国西部、中欧、澳大利亚等地也有分布，其中美国的
科罗拉多大峡谷是典型的丹霞地貌

丹霞地貌是完全由中国学者发现和命名的地貌类型，更令人惊喜的是，整个地球上这种红色地貌景观分布最广泛的区域恰是最喜爱红色的国家：中国。

就像我们前面提到过的那样，丹霞地貌的特色是红色岩层和陡坡峭壁，那么我们便能很容易地联系到一个词——"赤壁"。同学们可要千万留意，爆发过赤壁之战的这个赤壁跟丹霞地貌可是没什么关系的。

⑲ 漂亮的喀斯特地貌

"地无三尺平，天无三日晴，人无三两银。"很多人听过这句俗语，在过去，这是用来形容贵州省的。近年来，随着科技产业和旅游产业的高速发展，贵州已经成为西南地区一支重要的经济力量，未来大有可为。那么，过去为什么会有这种说法呢？天无三日晴，是因为贵州地区湿度高、多阴雨。这一特点在旅游业中，恰恰成为夏天避暑的一大好处。贵州的六盘水便有"凉都"之称。人无三两银则很好理解。

那么，地无三尺平是什么意思呢？因为贵州地区多有喀斯特地貌，其地表崎岖、土壤十分贫瘠，非常不利于农业发展。在重视并依靠农业的过去，这当然是导致贫穷的主要原因。但喀斯特地貌千沟万壑的特色却十分受观光客青睐，如今，它已成为云贵地区吸引游客的一个重要因素。

那我们来详细了解一下什么是喀斯特地貌吧。喀斯特地貌，又称溶蚀地貌、石灰岩地貌，是具有溶蚀力的水对可溶性岩石进行溶蚀等作用所形成的地表和地下形态的总称，又称岩溶地貌。水对可溶性岩石进行的作用，统称为喀斯特作用。一

55

般指碳酸盐岩分布地区或存在流经石灰岩的地下水所特有的地貌现象。当雨水或者地下水与地面碳酸盐岩接触时，就会有少量碳酸盐溶于水中。经过长时期的溶解、侵蚀，形成了以地表岩层千沟万壑为标志的地表特征。在喀斯特地貌中往往存在地下河、溶洞等景象。

喀斯特地貌

"喀斯特（Karst）"原是南斯拉夫西北部克罗地亚的伊斯特拉半岛上的一处石灰岩高原，意思是岩石裸露的地方。地理学家最早在该地做有系统的岩溶地貌研究。"喀斯特"一词成为岩溶地貌的代称。

中国是世界上对喀斯特地貌现象记述和研究最早的国家，早在晋朝便有记载，其中又以明徐宏祖所著的《徐霞客游记》中记述得最为详尽。

喀斯特地貌主要分布在气候暖湿的石灰岩层分布区，较著名的区域有中国广西、云南和贵州等省区，越南北部，南斯拉夫狄那里克阿尔卑斯山区，意大利和奥地利交界的阿尔卑斯山区，法国中央高原，俄罗斯乌拉尔山，澳大利亚南部，美国肯塔基和印第安纳州，古巴及牙买加等地。中国喀斯特地貌分布广、面积大，主要分布在碳酸盐岩出露地区，面积有91万～130万平方千米。其中以广西、贵州和云南东部所占的面积最大，是世界上较大的喀斯特区之一。

桂林山水、云南石林、四川九寨沟、贵州黄果树、济南趵突泉和北京附近的拒马河等都已成为闻名于世的游览胜地

喀斯特地貌是重要的旅游资源。在我国，桂林山水、云南石林、四川九寨沟、贵州黄果树、济南趵突泉和北京附近的拒马河等都已成为闻名于世的游览胜地。中国南方喀斯特（一期）由云南石林喀斯特、贵州荔波喀斯特、重庆武隆喀斯特共同组成，在第三十一届世界遗产大会上被评为世界自然遗产并入选世界遗产名录。同学们如果有机会的话可以去这些景点游历一番，溶洞内的地下河、钟乳石是不是想象一下就觉得引人入胜呢？

⑳ 死亡之海——沙漠

在很多人眼里，沙漠总是以荒凉、悲壮、死亡的形象示人。

现在同学们还看不看台湾著名女作家三毛的书呢？你的爸爸妈妈年轻的时候，三毛可是很多青少年心中的偶像，她的第一部成名作就是《撒哈拉的故事》，作品中记述了她和丈夫荷西在撒哈拉沙漠生活时的所见所闻。

在她的笔下，那些撒哈拉沙漠的人和物是丰富多彩的。三毛以流浪者的口吻，讲述她在撒哈拉沙漠零散的生活细节和生活经历：沙漠的新奇、生活的乐趣、千疮百孔的大帐篷、铁皮做的小屋、单峰骆驼和成群的山羊……

沙漠是什么样的地方呢？

沙漠主要是指地面完全被沙所覆盖、植物非常稀少、雨水稀少、空气干燥的荒芜地区。

从自然因素分析，大风是沙漠形成的动力。沙是形成沙漠的物质基础，而干旱是出现沙漠的必要条件。

大风吹跑了地面上的泥沙，裸露出岩石的外壳，还有那些风吹不动的砺石，这种荒凉的地质区域称为戈壁。那些被吹跑的沙粒，在风力减弱或遇到障碍时，便堆集成许多沙丘，掩盖在地面上，远远望去，好似波浪起伏的大海。通常戈壁也包括在沙漠之内，其实戈壁上没有沙，即使岩石经过岁月的风化生成了沙，也会很快被风吹跑，所以戈壁只是沙的"老窝"，为沙漠的扩张提供"兵员"。

沙漠气候变化颇大，平均年温差一般超过30 ℃；绝对温度的差异、日温差变化更为显著。

沙漠地区经常晴空，万里无云，风力强劲，最大风力可达飓风程度。

沙漠地区经常晴空，万里无云，风力强劲，最大风力可达飓风程度

若为高山阻隔，位处内陆或热带西岸均可以形成荒漠。例如澳洲大陆内部的沙漠，就是因为海风抵达时已散失所有水汽而形成。有时，山的背风面也会形成沙漠。

地面物质荒漠并非全是沙质地面，更常见为叠石地面或岩质地面；地面尚有湖和绿洲。

越来越严重的沙漠化给我们带来严重的生态问题，虽然沙漠的形成有自然因素，但是人类自身的原因也是重要因素。比如滥垦草场、过度放牧。如果牲畜过多，草原产草量供应不

足，使得很多优质草种长不到结种阶段，或种子成熟后就被吃掉，结果使草原产草量越来越少，土地沙化，形成恶性循环。这种趋势已经引起全世界范围的高度警觉。

世界上著名的沙漠有撒哈拉沙漠、阿拉伯沙漠、澳大利亚沙漠等

世界上著名的沙漠有撒哈拉沙漠、阿拉伯沙漠、澳大利亚沙漠等，我国的沙漠主要有塔克拉玛干沙漠、腾格里沙漠、柴达木盆地沙漠等。

我国沙漠的总面积为70万平方千米，如果连同50多万平方千米的戈壁在内，总面积为128万平方千米，占全国陆地总面积的13%。

早在很多年前我国就意识到沙漠化的严重性，开始了大规模的治沙工程，通过植树、退耕还草防风固沙，创造了大漠变绿洲的奇迹。

21 大河向东流

同学们看过98版电视剧《水浒传》没有？剧中的片尾曲是这样唱的：大河向东流呀，天上的星星参北斗啊……

大河为什么要向东流，而不是向其他方向流呢？

学习了地理知识后，我们就会知道：我国的地势是西高东低，呈阶梯状分布，水往低处流，所以我国的河流都是从西往东流的。像长江、黄河都是发源于青藏高原，然后一路汹涌奔腾向东，最后在上海和山东汇入大海。那么，河流是如何形成的呢？

我国的地势是西高东低，呈阶梯状分布，水往低处流，
所以我国的河流都是从西往东流的

河流里的水是由降雨、雪山融化的水和地下水共同组成的。

刚开始，可能只是融化的雪水所形成的小河流，也可能是地面上涌出来的一股泉水，或是雨水汇集成的小溪，水越聚越多，便开始向地势低的地方流动，所以河流是由一滴滴雨水汇聚而成的。

雨水形成小溪后，顺着山势流向低洼的地方，所有小溪都选取最容易的路径往山下流，这样好多条小溪汇聚在一起，形成了小河流。

好多条小溪汇聚在一起，形成了小河流

河水继续向低处流动的过程中，不断有新的小溪汇入，过程中还会与其他小河流汇合，这样水量变得越来越大，水面变得越来越宽阔。这些看起来微不足道的河水聚积在一起，一条大河就诞生了。

江河是大地的血脉。原始社会以前，人烟稀少，水在平滩上随意流动，形成大面积的浅水或湿滩地，刚开始生长有小范围的野草和树木，后来这些区域发展成江河两岸的大片森林

区。野草和树木为动物的活动和生长提供了舞台，逐渐形成复杂的生态系统，食物链慢慢变得复杂起来。

人类文明开始孕育、发展。古代的那些伟大文明，如四大文明，无一不是出现在江河流域。因为这些区域灌溉水源充足，地势平坦，土地相对肥沃，气候温和，适宜人类生存，有利于农作物培植和生长，能够满足人们生存的基本需要。

尼罗河流域是古埃及的诞生地，在这里出现了象形文字；两河流域（幼发拉底河、底格里斯河）是古巴比伦的诞生地，在这里出现了楔形文字；印度河流域是古印度的诞生地，在这里出现了印章文字；黄河流域、长江流域不用说同学们也知道是我们中华民族的诞生地，在这里，我们祖先创造出了象形文字——甲骨文。甲骨文是汉字的早期形式，是现存中国王朝时期最古老的一种成熟文字，最早出土于河南省安阳市殷墟小屯村一带。

对于江河的称谓，各地有所不同。南方人一般习惯把河流称为"江""水"，例如：长江、珠江、金沙江、川江、汉水等；北方人则习惯把河流称为"河"，例如：黄河、淮河、渭河等。

世界上有许多著名的江河，按长度算，最长的江河是非洲的尼罗河，全长6670千米，第二是美洲的亚马孙河，全长6400千米，我国的长江在世界上排名第三，全长6380千米。如果按流经国家的多少排名，那第一当属欧洲的多瑙河，别看它全长只有2850千米，在欧洲排在伏尔加河后面，但它却是世界上流经国家最多的河流，它流经奥地利、斯洛伐克、匈牙利、克罗地亚、保加利亚等十个国家，最后在罗马尼亚注入黑海。

22 地理大发现（上）

同学们，你们最爱吃的家常菜是什么？

我猜答案肯定是多种多样的，可能会有西红柿炒鸡蛋、酸辣土豆丝、红烧茄子、圆葱炒鸡蛋。当然，也可能不是上面说的这几种，但这些菜肯定是家里经常出现的。

如果把范围扩大到水果，那可能还会出现菠萝。

如果再将范围扩大到零食，瓜子、巧克力、花生、烤地瓜、烤玉米可能也会被点名。

同学们知道吗，以上提到的这些食物都出产于美洲，原来它们是"老乡"。其他成员还包括烟草、西洋参。

它们远在太平洋彼岸，我们是如何吃到它们的呢？

这就要感谢地理大发现了。

地理大发现，又名探索时代、发现时代、新航路的开辟。

15世纪到17世纪，欧洲的船队出现在世界各地的海洋上，它们寻找着新的贸易路线和贸易伙伴，以发展欧洲新生的资本主义。

不过在21世纪的今天，世界上的每个人与每种文明都是平等的，所以关于地理大发现这个名字，如今是有争议的。

地理大发现这种称呼是指西方国家第一次看见美洲大陆的一种说法。当时的西方人认为他们发现了"新大陆"，上面的原住民是"新住民"。但是严格来说，美洲大陆上的原住民已在那里住了上万年，美洲大陆也一直存在着，亦有维京人殖民北美，只是欧亚大陆（所谓的旧大陆）的居民在此之前完全不知情。

把"找到"美洲大陆的举动称为"发现"，这种欧洲中心论表达的观点似乎是那群人原本不存在，欧洲人来了才被发现。这种对美洲大陆原住民不尊敬的说法，严格地说，在用语上需要斟酌。不过，我们今天先不计较这种观点，只是单纯客观地把它当作一个代称去看。

自古以来，东西方的贸易通道有两条，一是始于埃及和伊拉克的海上路线，二是被称为"丝绸之路"的陆上路线。

著名的丝绸之路，从西汉汉武帝派遣张骞出使西域时便有。

著名的丝绸之路，从西汉汉武帝派遣张骞出使西域时便有

　　中西商人们忙碌在丝绸之路上，来回奔走，将中国的茶叶、丝绸等运出中国。同时，又沿着这条路，将西方的商品运抵中国。

　　但是，丝绸之路的路线太长，且多被与欧洲作战了多个世纪的伊斯兰帝国控制，西方商队面临层层盘剥，几乎无法维持"有利可图"的贸易。

　　随着热衷于侵略扩张的奥斯曼帝国的崛起，欧洲与亚洲的交流变得更加困难，因此在海上寻求前往东方的道路便尤为重要。

　　1487年是一个重要的转折点，迪亚士受葡萄牙国王若昂二世委托，出发寻找非洲大陆的最南端。他从里斯本出发，最后在1488年发现了非洲西南端的风暴角，而后，风暴角被若昂二世改名为好望角。这意味着进入印度洋的航线被发现。

　　1498年，瓦斯科·达伽马又发现了通往印度的新航线，抵达了印度的卡利卡特，1524年又抵达了印度的果阿，这使得陆上丝绸之路不再是通往东方市场的唯一途径。

　　看一下现在的世界地图，同学们便能发现，这两位航海家都是从欧洲出发一路向南，绕过了非洲才抵达亚洲。当时埃及的苏伊士运河还没有开凿，这已经是从欧洲经海路抵达亚洲最近的路线了。

瓦斯科·达伽马

23 地理大发现（下）

当时，绕过非洲抵达亚洲是最近的海路路线，可有的人不信这个邪。他叫哥伦布，他坚定地认为地球是一个球体，从欧洲出发向西航行，也能抵达亚洲。

哥伦布

67

经过计算之后，他得出了向西航行距离更短的结论。现在我们再看世界地图，知道这段距离其实并没有更短。哥伦布当时算错了。

当时的欧洲人并不知道有美洲大陆的存在，当然也不知道有西红柿、土豆的存在了。

1492 年 8 月，哥伦布率领着自己的船队出发了。同年 10 月，他登上美洲的土地。不过那并不是美洲大陆，只是大陆东边群岛中的一个岛。

现在我们都会说哥伦布发现了美洲，但其实终其一生他都不相信自己到达的是一片新大陆，而是坚定地认为自己到达的就是亚洲的东印度群岛。

东印度群岛也就是今天的马来西亚、印度尼西亚一带。

所以哥伦布发现的那片群岛，取名叫"西印度群岛"，称美洲的原住民为"印第安人"。"印第安人"在西班牙语中是印度人的意思。

地球是个球体，在当时这还不是常识，但哥伦布坚信这一点，他敢于行动，发现了美洲。

在哥伦布之前，还有第一次证明"地球是个球体"的行动者，他就是航海家麦哲伦。

1519 年到 1521 年，麦哲伦率领船队首次环球航行。他选取的路线是从西班牙出发，渡过大西洋，绕过南美洲的南端进入太平洋，经菲律宾群岛到达印度洋，最后绕过非洲回到欧洲。

不过同学们要注意了，麦哲伦本人并没有完成环球航行。1521 年，麦哲伦介入菲律宾当地部落间的争斗时，在麦丹岛丧生。麦哲伦死后，船员们继续环球航行，最终在 1522 年返航西班牙，完成了历史上首次环球航行。

1577 年到 1580 年，英国的弗朗西斯·德雷克爵士完成了人类历史上的第二次环球航行。南美洲南端的德雷克海峡便是以他的名字命名的，但德雷克本人最后并没有航经该海峡，而是选择行经较平静的麦哲伦海峡。

英国航海家詹姆斯·库克也曾三次远征太平洋。在航行中，他对太平洋的海岸线以及大洋中的众多岛屿进行了精确的测绘，令它们首次出现在欧洲地图上。库克发现了澳大利亚东岸，并声称其为大英帝国的领土。在完成环球航行的过程中，他还发现了新西兰与纽芬兰。此外，他还是最早发现夏威夷群岛的欧洲人。

地理大发现时代结束于17世纪末。

15世纪中叶，在人类的认知中，已知的陆地面积只占全球陆地的2/5，航海区域只有全部海域的1/10，但到17世纪末，已知的陆地和海域都已达到9/10。

当然，远洋探索依然继续着。直到19世纪，欧洲人才开始探索北冰洋和南冰洋。

直到19世纪，欧洲人才开始探索北冰洋和南冰洋

在此期间，大量的来自世界各地的航海家同样对认识地球做出了巨大的贡献，有些人还为此付出了生命代价。

正是由于地理大发现，各地的食材才坐着船流转了起来。

24　看地图看出的伟大发现

认识一个人，我们可以通过身份证。身份证上会有你的名字、住址等信息。

认识地球，也可以通过一张身份证。世界地图就是地球的身份证。

地图就是先把地球表面分割开铺成一个平面，然后按一定的比例运用线条、符号、颜色、文字注记等，描绘显示地球表面的自然地理、行政区域、社会状况的图形。

看世界各地的地图，可能会觉得有些不一样。比如，亚洲的世界地图一般是把亚洲、太平洋、印度洋放在中心位置，欧洲、美洲的世界地图一般是把大西洋放在中心位置，可能看上去会有些别扭，但实质是一样的。

全世界地图上的方向都是统一的，面对地图，通常是"上北下南，左西右东"。

小学语文教科书上有一篇叫《世界地图引出的发现》的课文，讲的是德国气象学家、地球物理学家阿尔弗雷德·魏格纳发现"大陆漂移说"的故事。

1910年的一天，年轻的魏格纳因病住进了医院，每天吃药、打针。性格豪放、生性好动的魏格纳实在无聊，无事可做，魏格纳便每天对着墙上的一幅世界地图呆呆地出神。

阿尔弗雷德·魏格纳

实在闷得无聊，他便用食指在地图上画着各个大陆的海岸线，借此消磨时光。他画完了大洋洲，又画南极洲；画完了非洲，又画南美洲。突然，他的手指慢了下来，停在地图南美洲上巴西的一块凸出的部分，眼睛却盯住非洲西海岸呈直角凹进的几内亚湾。

这两个地方的形状竟是这般不可思议地吻合！魏格纳被自己偶然的发现惊呆了。

他精神大振，仔细端详着美洲和非洲大陆形状上的不同点。果然，巴西东海岸的每一个凸出部分，都能在非洲西海岸找到形状相似的海湾。同时，巴西的每个海湾，又能在非洲找到相应的凸出部分。

魏格纳兴奋极了，将地图上一块块陆地进行了比较，结果发现，从海岸线的相似情形看，地球上所有的大陆块都能够较好地吻合在一起。

于是，魏格纳的脑海里形成了一个崭新的奇想：在太古时代，地球上所有的陆地都是连在一起的，后来因为不断漂移，才分成今天的各个大陆，它们的海岸线才会惊人地吻合。

出院后，魏格纳叩开了著名科学家柯彭教授的大门，把自己的这个想法告诉了他。教授肯定了他的假想很有道理，并说也曾有人提出过，但都没有足够的事实加以证明。教授劝他打消这个念头，不必为此枉费心机。

然而，魏格纳并不是一个能轻易改变自己想法的人。他开始在各大洲之间的联系和对比中进行考察，在浩如烟海的资料中寻找大陆漂移的证据。

一次，他看到一则材料，里面提到南美洲和非洲大陆上的古生物化石有一定的相似性。一种叫中龙的爬行动物，既见于巴西东部，也见于非洲西南部，显然这些动物当时生活在同一块大陆上，否则，即使是插上翅膀也难以飞渡重洋。这个重要的发现大大鼓舞了他。他充满信心，又做了很多考证工作。

1912 年，在法兰克福召开的地质学会上，魏格纳做了题为《大陆与海洋的起源》的演讲，提出了关于大陆漂移的假说，引起了地质界的震动。后来，魏格纳被世界公认为"大陆漂移学说之父"。

一种叫中龙的爬行动物

72

地球来了

25 我们为什么不会掉出地球?

同学们，我们知道地球在绕着太阳公转的同时，还在自转。那么，生活在地球这样一个大球体上的生物，为什么没有掉下去或飞出去呢?

也许有人会解释说树木、花草等植物飞不出去，是因为它们有根，可是地球上有那么多没有根的生物，这就不好解释了。

随手扔一块石头出去，飞行一段距离后，它还是会掉到地上。这是为什么呢?

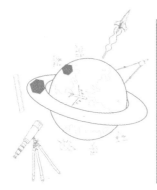

地球具有引力

73

因为地球具有引力，提到引力，同学们一定会想到牛顿。关于牛顿发现万有引力定律的过程，流传最广的一种说法是牛顿小时候躺在苹果树下休息，一个熟透了的苹果落下来，正好砸在了牛顿的脸上，于是，他想：苹果为什么是落在地面上而不是飞向空中呢？

这是一个浪漫的科学故事，一个爱学习、爱思考的少年躺在花果飘香的果园午睡，忽然掉下一个苹果，送给少年一个伟大的物理定律。这也太容易了吧？

这个故事在世界上广为流传，在读者心目中产生了很大的影响，尽管现在大家质疑"苹果砸牛顿"故事的真实性，但是万有引力定律的发现，却在人类认识自然的历史上，树立起了一座里程碑。

我们稍微对这个说法做一些改动：当牛顿成为物理学家后，他联想到少年时期"苹果落地"的故事，想到了是地球的某种力量吸引了苹果。于是，牛顿发现了万有引力。

这样，我们就好解释什么是万有引力定律了。

万有引力定律，是指自然界中任何两个物体都是相互吸引的

万有引力定律，是指自然界中任何两个物体都是相互吸引的。简单地说，质量越大的东西产生的引力越大，引力的大小跟这两个物体的质量乘积成正比，跟它们距离的二次方成反比。

牛顿利用万有引力定律说明了行星运动规律，而且指出木星、土星的卫星围绕行星也有同样的运动规律。

万有引力定律出现后，才正式把研究天体的运动建立在力学理论的基础上，从而创立了天体力学。

万有引力定律的发现是 17 世纪自然科学最伟大的成果之一。它把地面上物体运动的规律和天体运动的规律统一起来，对以后物理学和天文学的发展具有深远的影响。

万有引力定律第一次解释了一种基本相互作用（自然界中四种相互作用之一）的规律，使人们建立了牢固的科学信心。人类有能力理解天地间各种事物的运动，不仅解放了人们的思想，而且在科学文化的发展史上也起到了积极作用。

26　流星雨是吉是凶？

　　有一部叫《流星花园》的台湾偶像剧曾经火遍了整个东亚地区，伴随这部电视剧爆红的，还有一首叫做《流星雨》的主题曲。而我们今天介绍的是自然界的流星雨。

　　流星雨，是夜空中许多流星从天空中一个所谓的辐射点发射出来的天文现象。这些流星是宇宙中被称为流星体的碎片。它们是在平行的轨道上运行，并以极高速度投射进入地球大气层的流束。

流星雨，是夜空中许多流星从天空中一个所谓的辐射点
发射出来的天文现象

　　大部分的流星体比沙砾还小，因此几乎所有的流星体都会在大气层内被销毁，不会击中地球的表面；能够撞击到地球表面的碎片称为陨星。

　　数量特别庞大或表现不寻常的流星雨，也被称为"流星突出"或"流星暴"，每小时出现的流星可能超过1000颗以上。这是美国宇航局NASA对流星雨的定义。

　　通常人们把流星当作许愿星，认为在流星落下时向它许愿，便会梦想成真。虽然我们都知道，梦想的实现是要靠自己的不懈努力，但保留对流星许愿的习俗，也是一种美好的情怀。

通常人们把流星当作许愿星，认为在流星落下时向它许愿，便会梦想成真

　　上面提到的歌曲《流星雨》是将流星雨与浪漫、爱情这些正面的事物联系在一起的。不过同学们需要注意的是，并不是所有的流星雨都这样浪漫而幸运。

　　在著名的安徒生童话《卖火柴的小女孩》中，小女孩已经去世的祖母曾经说过流星是某人生命即将消失的象征。

　　在中国的四大名著之一《三国演义》的原文中，"卧龙"诸

葛亮曾三次遇到红色的流星，由此，诸葛亮觉察到自己不久会死。此前，诸葛亮还通过流星预言"凤雏"庞统的失败。

那么，看到流星到底是好事还是坏事呢？明白流星是怎么回事，就无所谓好坏了，那只是普通的天体运动而已。

有些流星陨落在地球上，这些来自地球之外的"客人"，含石量大的称为陨石，含铁量大的称为陨铁。

因为自然界中几乎没有单质铁的存在，而早期人类冶炼技术不发达，无法从铁矿石冶炼得到铁，所以陨铁一度是铁的重要来源。

考古学家们曾发掘出4000多年前尼罗河流域和幼发拉底河流域的铁珠和匕首，这些都是由陨铁加工而成的。因此可以说，人类最早使用的铁就是陨铁。

历史上流星雨的发现和记载，中国可是最早的。

《竹书纪年》记载有"夏帝癸十五年，夜中星陨如雨"，最详细的记录则是见于《左传》："鲁庄公七年夏四月辛卯夜，恒星不见，夜中星陨如雨。"鲁庄公七年是公元前687年，这可是世界上对天琴座流星雨的最早记录。

中国古代关于流星雨的记录，大约有180次。这些记录对研究流星群轨道的演变都是重要的资料。

理论上，在大多数月份，我国都可以观测到流星雨。实际上，能不能看到流星雨，取决于当时的天气状况和其他因素。

每年，我国有四次大的且比较稳定的流星雨，分别是一月的象限仪座流星雨、四月的天琴座流星雨、八月的英仙座流星雨和十二月的双子座流星雨。

如果同学们想要亲眼看一看的话，就要在每年的这四个时间段内留心这方面的新闻。

78

㉗ 为什么北极熊不吃企鹅?

　　好多年前,笔者就听过这样一个脑筋急转弯,直到看到了答案,才恍然大悟——北极熊生活在北极,企鹅生活在南极呀。原来这是一对见不到面的小伙伴啊。

一对见不到面的小伙伴

　　可是,为什么北极没有企鹅而南极没有熊呢?那还得从它们的极地生活情况说起。

　　极地地区是指地球的两极,也就是南极和北极。

　　南极是指南极洲除周围岛屿以外的陆地,是世界上最晚被

发现的大陆，它孤独地位于地球的最南端。在这里95%以上的面积被厚厚的冰雪覆盖，素有"白色大陆"之称。

在全球六块大陆中，南极大陆大于澳大利亚大陆，排名第五。

南极大陆和澳大利亚大陆是世界上仅有的被海洋包围的两块大陆，其四周有太平洋、大西洋、印度洋，呈完全封闭状态，是一块远离其他大陆、与文明世界完全隔绝的大陆。

至今，这里仍然没有常住居民，只有少量的科学考察人员，轮流在为数不多的考察站临时居住和工作。另外，这里的平均海拔是2350米，所以也可以说南极是世界上最高的大陆。

南极的下面蕴藏着丰富的矿藏，地上则因为极度的严寒而显得有些荒芜，植物难以生长，只能偶尔见到一些苔藓、地衣等。

海岸和岛屿附近有鸟类和海兽。

鸟类以企鹅为多。夏天，企鹅常聚集在沿海一带，这可是最有代表性的南极景象。

夏天，企鹅常聚集在沿海一带，这可是最有代表性的南极景象

海兽主要有海豹、海狮和海豚等。

在大陆周围的海洋，这里的鲸成群，为世界重要的捕鲸区。另外，南极周围的海洋中还盛产磷虾，这也是一个重要的海洋渔业资源。

北极地区主要由整个北冰洋和环绕在其周围的一圈冻土地带组成。这些地带包括丹麦、加拿大、俄罗斯、挪威、瑞典、芬兰、冰岛、美国八个国家的部分地区。

冬季，太阳始终在地平线以下，大海完全封冻结冰，这种情况叫做极夜。

到了夏季，气温上升到冰点以上，北冰洋的边缘地带融化，太阳连续几个星期都挂在天空，这就是极昼。

夏季，北极地区有丰富的鱼类，这为数百万在此筑巢的鸟类和多种多样的海兽提供了食物。冬季，地表被厚厚的积雪覆盖，寸草不生。夏天积雪消融，土壤解冻，植物便纷纷冒出了头，这些植物为驯鹿和麝牛提供了食物。同时，在这里生活的肉食动物，比如北极熊、北极狼，则是依靠捕猎其他动物生存。

与没有人类长期定居的南极不同，北极拥有自己的居民，最有名的便是居住在北美洲的爱斯基摩人，不过他们现在一般被叫做因纽特人。

那么，我们回到一开始的问题——为什么北极熊不吃企鹅？

其实在很多年前，北极有一种被称为北极企鹅的鸟类，它就是大海雀。由于人类的大量捕杀，它们在1844年就已经灭绝了。而北极熊是由古代棕熊进化来的，并且这种棕熊只生活在北半球。因为南极大陆早早地与其他大陆分离，北极熊的祖先也就没有机会登上这片大陆了。不过1844年前的北极熊可能还是吃过企鹅的。

28 岛屿——洒在地球上的珍珠

地球上有数也数不清的岛屿，大大小小，像珍珠一样洒满了地球上的江河湖海。可能在同学们看来，这些岛屿只有大小的区别，实际上它们形成的原因可是大有不同呢。

这第一种呢，叫大陆岛，世界上面积比较大的岛都属于这个类型。大陆岛是一种由大陆向海洋延伸露出水面的岛屿，是因地壳上升、陆地下沉或海面上升、海水侵入，使部分陆地与大陆分离而形成的。

世界上最大的格陵兰岛、大不列颠群岛，以及中国的台湾岛、海南岛，这些都是大陆岛。

大陆岛里还有一种特殊的，叫冲积岛。

在大江大河的入海口，江河水带着上游冲刷下来的泥沙，流到宽阔的海洋后，流速慢了下来，泥沙就沉积在河口附近。日积月累的泥沙逐步形成高出水面的陆地，这就叫冲积岛。

中国最有名的冲积岛应该就是上海的崇明岛，它可是中国的第一大冲积岛，第三大岛屿。

　　再有就是火山岛。一看名字我们就知道，它是由火山喷发物堆积而成的，也就是熔岩、火山灰等。火山岛在环太平洋地区分布得比较多。

　　火山岛的面积一般都不大，既有单个的火山岛，又有成串的群岛式火山岛。

　　著名的火山岛有韩国的济州岛、美国的阿留申群岛和夏威夷群岛。位于爱琴海的圣托里尼岛是由一群火山组成的岛环。

圣托里尼岛

　　火山岛又能分成两种，一种是大洋火山岛，它与大陆地质构造没什么联系；另一种是大陆架或大陆坡海域的火山岛，它与大陆地质构造有联系，但与前面介绍的大陆岛不同，属于大陆岛与大洋岛之间的过渡类型。

　　另外，火山岛上的土壤可是很肥沃的，因为火山灰是农作物的上等肥料，里面含有大量的铁、铝、铜、锌、镁、钙等微量元素，特别适合农作物生长。

火山岛上的土壤可是很肥沃的，因为火山灰是农作物的上等肥料

我猜同学们即便没有去过，可能也听说过马尔代夫这个名字吧！它是印度洋上的一个岛国的名字。

马尔代夫跟前面介绍的岛可不一样，它是珊瑚岛。珊瑚岛一般分布在热带海洋中，是由一种活的或死亡的腔肠动物——珊瑚虫的遗骸堆筑起来的，因此称为珊瑚岛。

在珊瑚岛的表面常覆盖有一层磨碎的珊瑚粉末——珊瑚砂和珊瑚泥。

根据形成的状态，珊瑚岛又可分为岸礁、堡礁和环礁三种类型。

靠近海岸或岛岸附近的叫岸礁，它们都是长条形的，主要分布在南美的巴西海岸及西印度群岛，中国台湾岛附近的珊瑚礁大多是岸礁。堡礁离岸边比较远，呈堤坝状，与岸之间有潟湖分布，最有名的是澳大利亚东海岸外的大堡礁。环礁分布在大洋中，它的形状多种多样，不过大多数都是环状的，主要分布在太平洋的中部和南部，而且一般是群岛。

看地图的时候，同学们可不能只看到像大公鸡一样的土地，还要留意观察我们广阔的海洋国土，里面标注的南沙群岛、西沙群岛、东沙群岛、中沙群岛都是珊瑚岛。

地球内部积累的能量在迅速释放时，地壳会产生快速颤动，这就是地震。

地震又称地动、地振动，是一种期间会产生地震波的自然现象。地球上板块与板块之间相互挤压、碰撞，造成板块边沿及板块内部产生错动和破裂，是引起地震的主要原因。

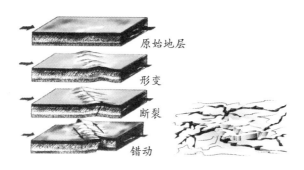

原始地层

形变

断裂

错动

地球上板块与板块之间相互挤压、碰撞，造成板块边沿及
板块内部产生错动和破裂，是引起地震的主要原因

85

地震是地壳运动的一种特殊形式，除内力可以引发地震外，山崩、塌陷等外力地质作用也可以引起或诱发地震。像现

在人类过度开采地下矿产、修建大型水库等行为，都有可能诱发地震。

科学家们用精密的仪器观测，地球上每年发生500多万次地震，这样算下来平均一天就会发生1万多次。每年发生这么多次地震，为什么我们感觉不到几次呢？

这是因为发生地震时，释放出的能量有多有少，所以震动也有大有小。

按照震动的大小，可将地震大致分为三类：微震、弱震和强震。

其实，地震随时都会发生，但从以往的统计数据看，地震大多发生在夜间，这是受外因——太阳和月球引力的结果。

我们知道，太阳和月球的引力可引起海水在一天里两次涨落。同时，太阳和月球的引力也会引起地壳的"潮汐"现象，只不过我们平时没有觉察到罢了。

在地球内部孕育地震的过程中，当地下岩石受力的作用接近破裂时，如果此时正好受到太阳和月球引力的作用，蓄势已久的地震能量就会一下子迸发出来，所以说太阳和月球引力起到的是导火索作用。

地球上主要有三处地震带：环太平洋地震带、地中海地震带、洋脊地震带。

地震带基本上在板块交界处，世界上发生地震较多的国家是日本。这是因为日本整个国家都处在亚欧板块和太平洋板块的交界地带，即环太平洋火山地震带。这里火山、地震活动频繁，危害较大的地震平均三年就要发生一次。

地震带基本上在板块交界处，世界上发生地震较多的国家是日本

  我国从古代就有地震的记载了。像元朝大德七年八月六日（1303年9月17日）的山西洪洞、赵城地震，明朝嘉靖三十四年十二月十二日（1556年1月23日）的陕西华县地震，清朝康熙七年六月十七日（1668年7月25日）的山东郯城、莒县地震，等等。

  近代我国发生的最为惨痛的地震要属1976年的唐山大地震了。进入21世纪后，四川省汶川县发生了一次极为惨重的8.0级大地震。

  地震是无法预测的。地震来时千万不要慌，掌握正确的逃生方式，能够更好地面对紧急情况。国际通行的地震逃生方法是遵守"伏地、遮挡、手抓牢"原则，在家里或学校里，手边的杂志、垫子、被子、书包都能拿来保护头部，及时藏身于桌下、讲台旁、墙角，厕所也是正确选择。同时要听从指挥，避免盲目逃生，如果造成拥挤踩踏，既延误了逃生时间，又可能造成二次伤害。

30　暴躁的地球——海啸

　　海啸、地震和火山其实是三个孪生兄弟。

　　海啸就是由海底地震、火山爆发、海底滑坡或气象变化产生的破坏性海浪。海啸的波速非常高，有时为每小时700～800千米，几小时内就能横渡大洋；波长可达数百千米，可在损失很小能量的情况下传播几千千米；在茫茫的大洋里波高不足1米，但到达海岸浅水地带时，波长减短而波高急剧增高，可达数十米，形成含有巨大能量的"水墙"。

海啸就是由海底地震、火山爆发、海底滑坡或气象变化产生的破坏性海浪

海啸主要受海底地形、海岸线几何形状和波浪特性的控制。呼啸的海浪水墙每隔数分钟或数十分钟就重复一次，摧毁堤岸，淹没陆地，夺走生命财产，破坏力极大。

全球的海啸发生区大致与地震带一致。

2004年12月26日，里氏9.1~9.3级大地震袭击了印尼苏门答腊岛海岸，持续时间长达10分钟。此次地震引发的海啸危及远在索马里的海岸居民，仅印尼死亡16.6万人，斯里兰卡死亡3.5万人。印度、印尼、斯里兰卡、缅甸、泰国、马尔代夫和东非有200多万人无家可归。印度洋海啸造成了重大灾难，共死亡22.6万人。此次灾害的死亡人数如果计入地震的话，排名第四；如果计入海啸的话，历史排名第一。

那么，住在沿海的同学们，如果海啸来了，我们该如何应对呢?

一般来说，地震海啸发生的最早信号是地面强烈震动，地震波与海啸的到达有时间差，这个时间差正好有利于人们采取预防措施。

如果你感觉到较强的震动，不要靠近海边、江河的入口。如果听到有附近地震的报告，要做好预防海啸的准备并留意电视或广播中的新闻。

要记住，海啸有时会在地震发生几小时后，到达离震源上千千米远的地方。如果发现潮汐突然反常涨落、海平面显著下降或者有巨浪袭来，都应以最快的速度撤离岸边。

海啸前海水异常退去时，往往会把鱼、虾等多种生物留在浅滩，场面蔚为壮观。此时千万不要前去捡鱼、虾或看热闹，应当迅速离开海岸，向内陆高处转移。

海啸前海水异常退去时，往往会把鱼、虾等多种生物
留在浅滩，场面蔚为壮观

海啸来临时如果你不幸落水，要尽量抓住木板等漂浮物，注意避免与其他硬物碰撞。如果海水温度偏低，不要脱衣服，也尽量不要游泳，防止体内热量过快散失。同时，要尽可能向其他落水者靠拢，这样既便于相互帮助和鼓励，又能使目标扩大，会更容易被救援人员发现。

31 暴躁的地球——火山

　　火山是一种常见的地貌形态，是由地下熔融物质及其携带的固体碎屑冲出地表后堆积形成的山体。

　　地球的地壳之下100~150千米处，有一个"液态区"。该区内存在着高温、高压下含气体挥发成分的熔融状硅酸盐物质，即岩浆。岩浆一旦从地壳薄弱的地段冲出地表，就形成了火山。

岩浆一旦从地壳薄弱的地段冲出地表，就形成了火山

　　火山分为活火山、死火山和休眠火山。

　　火山是炽热地心的窗口，有地球上最具爆发性的力量，爆

发时能喷出多种物质。

预期可能再次喷发的火山，我们称为"活火山"。

史前曾喷发过，但有人类的历史时期，从来没有活动过的火山，我们称为"死火山"。这类火山因长期未喷发，已丧失了活动能力。

休眠火山是指有史以来喷发过，但长期处于相对静止状态的火山。此类火山保存有完好的火山锥形态，仍具有活动能力或尚不能断定其已丧失活动能力。

火山的"死"和"活"是相对的，不是绝对的。有些在一万年甚至更长时间以来没有喷发过的死火山，也可能由于深部构造或岩浆活动而复活并喷发。

火山喷发和地震、海啸一样，都会给人类带来不小的灾难。

火山喷发时会产生碎屑流、涌浪、气爆和尘粒等灾害。抛出的大量火山碎屑和火山灰会吞噬、摧毁大片土地，将大批生命财产烧为灰烬。

同学们也许没见过火山，但是一定见过或知道火山口。

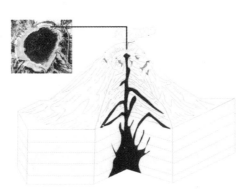

火山喷发后会留下一个大大的火山口

　　火山喷发后会留下一个大大的火山口，经过数百上千甚至上万年的时间洗礼，慢慢地积水成湖，变成风景秀丽的自然景观，成为人们休闲度假的好去处。

　　在我国，著名的吉林长白山天池其实就是个火山口，而且长白山是一座休眠火山。

　　长白山火山口形成的天池被16座山峰环绕，仅在天豁峰和龙门峰间有一狭道池水溢出，飞泻成长白瀑布，是松花江的正源。

　　天池像一块瑰丽的碧玉，镶嵌在雄伟的长白山群峰之中，是我国最大的火山湖，也是世界上最深的高山湖泊。现为中国和朝鲜两国的界湖。

　　据史籍记载，自16世纪以来它共爆发了3次。此外，像黑龙江的五大连池火山群也非常著名。

　　同学们耳熟能详的应该还有日本的富士山。

　　富士山作为日本的象征，在世界范围内广为人知。日本民众更是把富士山奉为"圣山"。富士山山顶终年被白雪覆盖，远远看去就像散发着银色光芒。但是富士山却是一座地地道道的活火山，虽然它已经沉睡了300多年。它最近的一次喷发是1707年，这次活动喷出的岩浆、火山灰等物质多达8亿立方米，在川崎落下的火山灰有5厘米厚。

　　富士山目前处于休眠状态，但地质学家仍然把它列入活火山之类。所以说不定哪一天它就会喷发，那时美丽的富士山景观便会荡然无存。

你的全世界来了

32 暴躁的地球——台风和飓风

同学们都知道，我们所说的好天气常常晴空万里，微风和煦。如果微风变成大风，甚至是台风、飓风，那就不是好天气了。那时的风不仅不温柔可爱，相反会变得狰狞残暴，会给人们带来很大的灾难。

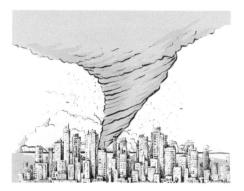

那时的风不仅不温柔可爱，相反会变得狰狞残暴，

会给人们带来很大的灾难

现在我们就来介绍一下台风和飓风是怎么回事。

其实台风和飓风是一个意思，只是因为发生的地域不同，才有了不同的名称。

生成于西北太平洋和我国南海的强烈热带气旋，称为台风；生成于大西洋、加勒比海以及北太平洋东部的，称为飓风；生成于印度洋、阿拉伯海、孟加拉湾的，称为旋风。

台风在一天之内能释放出惊人的能量。台风的中心有一个风眼，风眼越小，其破坏力越大。

平时看新闻或听天气预报时，我们会发现，在我国叫台风，在美国叫飓风。

台风一般伴随着强风、暴雨，严重威胁人类的生命财产，会对农业、经济等造成极大的冲击，是一种影响较大、危害严重的自然灾害。那么，这些风暴形成的原因是什么呢？

热带气旋（台风）的形成受地球自转的影响，驱动热带气旋运动的原动力是低气压中心与周围大气的压力差。

周围大气中的空气在压力差的驱动下，向低气压中心定向移动

周围大气中的空气在压力差的驱动下，向低气压中心定向移动。这种移动受地球自转的影响而发生偏转，从而形成旋转的气流。

这种旋转在北半球是沿着逆时针方向进行的，而在南半球是沿着顺时针方向进行的。由于旋转的作用，低气压中心得以长时间保持。

台风产生于热带海洋的一个原因是温暖的海水是它的动力"燃料"，所以造成海面低气压区的温暖海水也是台风形成的关键因素。

近年来，一些科学家开始研究变暖的地球是否会带来更强盛的、更具危害性的热带风暴。

大多数的气象学家认为二氧化碳和来自大气层的所谓温室气体正在使地球变得越来越温暖。

研究人员认为，人们必须认真思考几十年甚至几个世纪后全球气候变化的问题。

需要指出的是，一个气候事件，比如强烈的台风或台风活跃的季节，并不能说明全球气候已经变暖了。

气象学上将大气中的涡旋称为气旋，因为台风这种大气中的涡旋产生在热带洋面，所以称为热带气旋。

每一次台风来临，世界气象组织都会给它命名一个名字和编号。

这些名字的命名有一定的规则，是由各个国家提出的，在事先制定的命名表中按顺序年复一年地循环使用。

首次给台风命名的是20世纪早期的澳大利亚预报员克里门兰格，他把台风取名为他不喜欢的政治人物。不过，现在给台风预备的名字，少有灾难的含义，大多具有文雅、和平之意。因为台风的到来也可带来充足的降水，能有效缓解当地的旱情。

一般情况下，台风的名字还是挺好听的。比如，我国提供的名字就有海葵、悟空、玉兔、白鹿、杜鹃、木兰、海棠等。

33 美国的绰号

提起"山姆大叔",同学们都知道这是美国的别称。据说1812年英美战争期间,美国纽约特罗伊城商人山姆·威尔逊在供应军队牛肉的桶上写有"U.S.",用来表示这是美国的财产,这恰与他的昵称"山姆大叔"(Uncle Sam)的缩写(U.S.)相同,于是人们便戏称这些带有"U.S."标记的物资都是山姆大叔的。后来,"山姆大叔"就逐渐成了美国的绰号。19世纪30年代,美国的漫画家又将山姆大叔的形象画成一个头戴星条高帽、蓄着山羊胡须的白发瘦高老人。1961年,美国国会通过决议,正式承认"山姆大叔"为美国的象征。

提起"山姆大叔",同学们都知道这是美国的别称

除了这个，你知道美国还有其他别称吗？在国际新闻中，我们会经常看到或听到美国某地又发生了龙卷风，是的，美国还有一个别称，就是"龙卷风之乡"。

美国还有一个别称，就是"龙卷风之乡"

龙卷风是一种具有一定破坏力的自然现象，是大气中最强烈的涡旋现象，常发生于夏季雷雨天气时，尤以下午至傍晚最为多见。龙卷风虽影响范围小，但破坏力极大，经过之处，常发生大树连根拔起、车辆被掀翻、建筑物被摧毁等现象。它往往使成片庄稼、万株果木瞬间被毁，令交通中断，房屋倒塌，人畜生命和经济遭受损失等。

龙卷风多发生在高温、高湿的不稳定气团中，其中空气扰动得非常厉害，上下温度差相当悬殊。当地面温度约为30 ℃时，到8000米的高空时温度会降至−30 ℃，这种温度差使冷空气急剧下降，热空气迅速上升，上下层空气对流速度过快，从而形成许多小旋涡。这些小旋涡逐渐扩大，再加上激烈的震荡，就容易形成大漩涡，成为袭击地面或海洋的灾害。美国每年会发生一两千次龙卷风，不仅数量多，而且强度大。为什么美国有这么多龙卷风呢？原来这与美国所处的地理位置、气候条件和大气环流特征有关。

美国东濒大西洋，西靠太平洋，南面又有墨西哥湾，大量的水汽不断从东面、西面、南面流向美国大陆，水汽一多，雷雨云就容易发生、发展，当雷雨云发展到一定强度后，就会产生龙卷风了。美国主要处在中纬度，春夏季受副热带高气压的控制，即使在秋冬季，也常受其边缘影响。副热带高气压的西部边缘是气流辐合上升最剧烈之处，而且副热带高气压的南部和西部是偏东和东南气流最活跃的地方，它能把大西洋和墨西哥湾的大量暖湿空气源源不断地向美国输送过来，雷雨云不断地快速发展，龙卷风也就伴随而来。

据统计，在美国的50个州中都发生过龙卷风。值得一提的是，根据近些年的统计，美国发生龙卷风的次数比过去增加了30多倍。甚至有科学家提出，在公路上高速行驶的汽车中，两车会车时会形成逆时针方向的空气旋涡，而数百万辆汽车产生的空气旋涡叠加起来，就会形成一股强大的旋涡，一旦遇到有利的大气条件，也会形成龙卷风。如果真是这样，那也是人类为自然界付出的"代价"。

34 明朝的灭亡与小冰期有关吗？

很多人把明朝的灭亡归结为遇到小冰期，当然这只是一个主要原因。明朝后期，皇帝不思朝政、玩物丧志、残杀忠良、苛捐杂税层出不穷，民不聊生，致使农民起义，再加上小冰期的到来，这才加快了明朝灭亡的速度。

什么是小冰期呢？科学家们经过考证，大约从15世纪初开始，全球气候进入一个寒冷时期，通称为"小冰期"，从1550年到1851年，大约有300年的时间，这个阶段正处在我国的明清时期，所以也称为"明清小冰期"，结束于20世纪初期。小冰期期间，全球范围内频繁出现饥荒。明朝末年时玉米、土豆等抗寒作物还没有从美洲传入，农民赖以生存的粮食是小麦、水稻等不耐寒的谷物，因小冰期的到来，粮食大幅度减产甚至绝收，直到耐寒的新大陆作物（土豆、玉米等）传入我国并被广泛种植后，情况才得以改善。

科学家们经过考证，大约从15世纪初开始，全球气候进入一个
寒冷时期，通称为"小冰期"

小冰期是怎么来的呢?

美国斯坦福大学的地球化学家认为：在16~17世纪，欧洲人
征服美洲的过程中，消灭了大部分的当地土著居民，留下大量
无人耕种的土地，茁壮成长的树木从空气中吸收了数十亿吨的
二氧化碳，削弱了大气层的吸热能力，致使气候冷却，引发小
冰期。另外，小冰期的出现也与天体引力的变化有关。

2012年的一项研究发现，小冰期很可能是四次火山喷发和
海冰增加导致阳光反射增加的组合效应诱发的，即所谓的反射
效应。科罗拉多大学波尔德分校教授从事了这项研究，他们根
据收集的加拿大巴芬岛冰盖下的死植物样本发现，当时发生了
多次大型火山喷发，火山喷发效应引起海冰面积增加，而海冰
反射率增加又长时间维持了冷却效应。海冰增加在15世纪中期
到达顶峰，在小冰期结束前一直维持相同水平。

小冰期很可能是四次火山喷发和海冰增加导致阳光反射增加的组合
效应诱发的，即所谓的反射效应

　　小冰期期间，世界上许多地点的冰川都发生了明显的扩张，出现新鲜完整的冰碛物及其构成的地貌，表明其规模和范围比现今的冰川大得多，这是小冰期一词由来的最直接依据。

　　经过研究，我国的学者认为从15~17世纪的200余年内，世界上的强震很多，其他自然灾害也很集中，与之对应的华北第六地震活动期延续了200多年，其间发生了4次8级地震、7次7级地震，强潮汐、气候变冷和强震多发在小冰期，既为强潮汐激发强震提供了证据，也为强潮汐和强震导致气候变冷提供了证据。另外，深海巨震也是形成小冰期的原因之一。

35 太阳和月亮捉迷藏

　　小时候，你一定听过天狗吃太阳、天狗吃月亮的故事吧！其实故事描述的是一种很平常的自然现象，分别叫做日食和月食。古时候，人们缺乏科学知识，便给这一自然现象加上了神秘的色彩。

　　月球绕着地球旋转，同时地球带着月球绕太阳旋转。当月球转到地球和太阳的中间，而且三个天体处在一条直线时，地球挡住了太阳光，就发生了月食。

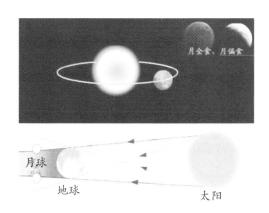

月球绕着地球旋转，同时地球带着月球绕太阳旋转

发生日食时，是月球遮住了太阳。如果你身处被月球本影所扫过的地方，那就会完全看不到太阳，这种现象叫做日全食；如果太阳被月球遮住了一部分，叫做日偏食。

由于观测者在地球上的位置不同，和月球到地球距离的不同，所以看到日食或月食的情况也就不同。

由于观测者在地球上的位置不同，和月球到地球距离的不同，
所以看到日食或月食的情况也就不同

发生日食时，有时月球的影子达不到地面，那么，在被月影延长线所包围的区域内，人们还能看到太阳的边缘，也就是说月球只遮住了太阳的中心部分，这种现象叫做日环食。

发生月食时，当月亮部分进入地球阴影（本影）时，叫做月偏食；当月亮全部进入地球阴影时，叫做月全食。

在这里还有一条规律同学们要记住，日食发生在新月时，也就是农历初一左右。相反，月食发生在每月十五左右的满月时。

由于地球在月球轨道处的投影总比月球大，所以月环食的情况是不会发生的。

通常，一年里至少会发生两次日食，有时三次，最多五次。而月食每年只会发生一两次。那么，既然日食的次数比月食多，为什么我们感觉平时看到的月食比日食多呢？

这是因为对整个地球来说，每年发生日食的次数确实比月食多。但对地球上的某个地方来说，见到月食的机会却比日食多。每次发生月食时，半个地球上的人都能看到，而发生日食时，只有特定区域小范围内的人们才能有幸见到。

日全食更是难得一见，对某个地方来说，平均200~300年才能见到一次。2009年7月22日，在我国的西藏、云南、四川、湖北、湖南、江西、安徽、江苏、浙江和上海等部分地区就见到一次日全食。那么，下一次比较典型的日全食是哪一年呢？

那可要等到2035年7月22日。这一天，在我国的新疆叶城、若羌，甘肃玉门，内蒙古乌海、呼和浩特，河北张家口和北京地区的人们，能够清楚地看到神奇的日全食。

有一点要提醒大家注意，日食是不能用肉眼直接观测的，如不采取相应的保护眼睛的措施可能会发生视网膜灼伤、视神经损伤，甚至永久失明的情况。

我们一定要事先准备，并掌握安全、正确的观测方法。可以购买专业的日食观测镜，也可以用曝光的胶卷、电焊工人用的防护镜或熏黑的玻璃观测。

36 大海的呼吸——潮汐

住在海边的同学，一定对潮涨潮落不陌生。

退潮的时候海水会退去几百米、上千米，露出大片的滩涂，这时有的小伙伴们会跟着大人去赶海，挖蛤蜊、捡扇贝，运气好的话还能捉到搁浅的大鱼。

大海每天涨潮落潮，年复一年，周而复始，你知道这是为什么吗？

海水在太阳和月亮的引力作用下，引起的海面周期性的升降、涨落与进退，称为海洋潮汐，简称海潮。

更严密地说，习惯上把海面垂直方向的涨落称为潮汐，而海水在水平方向的流动称为潮流。我们的祖先为了表示生潮的时刻，把发生在早晨的高潮叫潮，发生在晚上的高潮叫汐，这是潮汐名称的由来。

其实不光是大海，在太阳和月亮的引力下，地球的岩石圈、水圈和大气圈中都会产生周期性的运动和变化，总称为潮汐。

作为完整的潮汐科学，其研究对象应将地潮、海潮和气潮作为一个统一体。但由于海潮现象十分明显，且与人们的生活、经济活动、交通运输等关系密切，因而习惯上将潮汐一词狭义理解为海洋潮汐。

固体地球在日、月引潮力作用下引起的弹性和塑性形变，称固体潮汐，简称固体潮或地潮。

不但月球对地球产生引潮力，而且太阳也能产生引潮力，但是太阳的力量比月球的小得多，大概只有月球引潮力的1/2。当两者的引潮力叠加在一起的时候，那就能推波助澜，使潮水涨得更高。

当两者的引潮力叠加在一起的时候，那就能推波助澜，使潮水涨得更高

每月的朔（农历初一）和望（一般是农历十五，有时候是农历十六、十七），月球、地球和太阳在一条直线上，这时太阳和月球的引潮力加在一起，就会出现大潮。

而在上弦月（农历初七、初八）和下弦月（农历二十二、二十三），地球、月球和太阳不在一条直线上，三者呈一个90°

的角，太阳的引潮力就会抵消月球的一部分引潮力，这时便会出现小潮。

大海潮涨潮落发出的声音，就像我们人类的呼吸。

潮汐与产盐、渔业捕捞、航行都有密切联系

潮汐对我们有帮助吗？当然有，潮汐与产盐、渔业捕捞、航行都有密切联系。

潮汐因地而异，不同地区常有不同的潮汐系统，虽然它们都是从深海潮波获取能量，但具有各自独有的特征。尽管潮汐很复杂，但现在我们已经掌握了规律，对任何地方的潮汐都可以进行准确预报。要知道海水的涨落里面蕴藏着巨大能量，现在世界各国都在利用潮汐建设发电站，让潮汐为我们人类造福。

37 海也会死吗？

动物会死，植物会死，大海怎么会死呢？当然，大海不会死，但是在我们的地球上，偏偏有个叫死海的地方。

这是怎么回事呢？

原来，在以色列、巴勒斯坦、约旦三国交界处，有一个世界上海拔最低的湖泊，湖面海拔−430.5米。虽然是湖泊，但被人们习惯地叫做死海。

死海位于以色列和约旦之间的大裂谷——约旦裂谷，南北长86千米，东西宽5~16千米不等，死海的湖岸是地球上露出陆地的最低点，有"世界的肚脐"之称。

远远望去，死海形似一条双尾鱼。在阳光的照射下，海面像一面古老的铜镜。

死海水中含有高浓度的盐，水中没有生物存活，甚至沿岸的陆地上也很少有生物存活。在洪水暴发期间，约旦河及其他溪流中的一些鱼、虾被冲入死海，由于水中含盐量太高，又严重缺氧，这些鱼、虾也活不了多久。这也是人们给它起名叫死海的原因。

死海水中含有高浓度的盐，水中没有生物存活

为什么死海中有这么多的盐呢？

因为死海水中含有很多的矿物质，水分不断蒸发，矿物质沉淀下来，日积月累成为今天世界上最咸的咸水湖。

死海一带气温很高，气温越高，蒸发量就越大，而且这里干燥少雨，补充的水量微乎其微。总的来说，晴天多，日照强，雨水少，水量入不敷出，死海变得越来越"稠"，即沉淀在湖底的矿物质越来越多，咸度也越来越大。

那么，死海中真的没有一点儿生物存在吗？

美国和以色列的科学家通过研究揭开了这个谜底：在这种最咸的水中，仍有几种细菌和一种海藻生存其间。

原来，死海中有一种叫做盒状嗜盐细菌的微生物，它具备一种防止盐侵害的独特蛋白质，当然，这些生物你用肉眼是观察不到的。20世纪80年代初，人们发现死海正在不断变红，经研究发现，水中迅速繁殖着一种红色的小生命——盐菌，其数量十分惊人。另外，人们发现死海中还有一种单细胞藻类植物。如此看来，死海也不是一个死寂的地方，说不定它正在孕育一个生机勃勃的世界。

死海也不是一个死寂的地方，说不定它正在孕育一个生机勃勃的世界

现在死海是世界著名的旅游胜地，因为含盐量高，浮力大，人可以躺在水面上看书而不会沉下去，海水中富含的矿物质还可以治疗关节炎等慢性疾病。

但是同学们要注意了，如果你有机会去死海旅游，要谨慎下水。虽然死海淹不死人，但是要漂起来需要一定的技巧，否则眼睛、鼻子、嘴巴进水会非常难受；只能仰面躺在水面上，海水溅入眼睛可不是好玩的事情。

如果你的身上有一些细微的伤口也要注意，虽然在家里这些伤口碰到自来水可能没什么感觉，可是如果碰到死海中的水，那可是钻心的疼痛，就像我们常常说的"往伤口上撒盐"。

你的全世界来了

38 地球的保护膜——臭氧层

臭氧，这个词听上去一点都不美。但是我们知道，这个听上去不美的东西，可不是臭烘烘的坏东西，相反它对我们人类很有益呢。

臭氧分子由3个氧原子组成。

臭氧层能吸收99%以上的太阳紫外线，可以保护
地球表面的生物不受紫外线侵害

大气层的平流层中臭氧浓度相对较高的部分就是臭氧层。臭氧层能吸收99%以上的太阳紫外线，可以保护地球表面的生

112

物不受紫外线侵害，是地球上人类和其他生物实实在在的"保护伞"。但是，近些年我们却惊讶地发现，这个地球"保护伞"出现了破洞。

这是怎么回事呢？

参加南极考察的科学家们发现：在南极上空，臭氧层出现了一个大大的破洞。

经过气象卫星探测，这个大洞位于南极点附近，呈椭圆形，破洞的面积相当于美国的总面积，破洞的深度接近万米。

接着，科研工作者在北极又发现了一个小臭氧洞。

那么，臭氧层是谁破坏的？破洞又是谁"戳"出来的呢？

有人认为，臭氧层可能随着太阳黑子活动的自然周期而变化。还有一些学者认为，臭氧洞出现在两极是低温造成的。因为在极地的极夜中，热量输送效能很低，极地上空温度异常低；当极夜结束，太阳重新跃出地平线时，被加热的大气层出现上升运动，这样整层的臭氧总量就会明显减少。

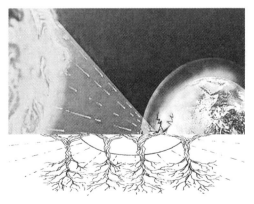

有人认为，臭氧层可能随着太阳黑子活动的自然周期而变化

但是很多科学家不赞同上面的观点。因为他们认为极地上空的臭氧层是人类自己"戳"出来的。

随着现代工业的发展，特别是冷冻厂和家用电冰箱的不断增多，使用的制冷剂氟利昂向大气中排放大量的氟氯烃。与其他化学物质不同的是，氟氯烃不能在低空分解，而是会飘浮升至平流层，并与紫外线作用产生游移的氯原子。氯原子夺去臭氧的一个氧原子，使臭氧变成纯氧，于是空中就出现了臭氧洞。

地球失去了臭氧层这个"保护伞"，"无形杀手"紫外线就会长驱直入，严重危及地球上的人类和其他生物。

紫外线从多方面影响人类健康。长时间受紫外线照射，人体会发生很多病变，如眼病、免疫系统疾病、皮肤病（包括皮肤癌）等。

澳大利亚人喜欢日光浴，他们会特意把皮肤晒得黑黑的。尽管科学家们反复强调过度晒太阳会诱发皮肤癌，但他们对黑肤色还是乐此不疲。其结果是，澳大利亚人患皮肤癌的概率比世界上其他地方的人高1倍。

全世界患皮肤癌的人已占癌症患者总人数的1/3。

1989年3月，全球一百多个国家的科学家和政府官员云集伦敦，召开了"保护大气臭氧层"的专题国际会议，呼吁全世界人民立即警觉、行动起来，停止使用氟利昂制冷剂，保护大气臭氧层，尽快补上极地上空的臭氧洞，拯救我们赖以生存的地球。

39 发往宇宙的"地球名片"

在宇宙中的其他星球上，有没有像我们人类一样的生物呢？这是人类一直困惑不解的问题。在世界各地发生的一些暂时无法用科学解释的现象，更让我们产生许多遐想。比如：各地出现的飞碟，麦田怪圈，尼斯湖怪兽，史前遗迹中那些类似今天宇航员装束的石刻、壁画，甚至还有发现外星人的新闻。当然，这些扑朔迷离的传说没有经过科学验证，不足为信，同时也不排除这些传说是各地为促进旅游业而制作的噱头。

在世界各地发生的一些暂时无法用科学解释的现象，
更让我们产生许多遐想

　　我们知道，银河系有1000亿颗以上的恒星，它们全是炽热的气体球，在这种环境下，显然是不可能有任何生物存在的。虽然生物生存的条件相对非常苛刻，但是在浩渺的银河系中，具备适合生物生存条件的太阳型恒星有很多。当然，凭借现在人类的智慧和科技水平目前还是无法验证。

　　火星是地球的近邻，一直被我们认为是最有可能存在生命的星球，可惜经过多次探索尚未发现有生命存在的迹象。

　　宇宙中有以天文数字计量的星球数量，人类了解、解释宇宙的能力和浩瀚的宇宙相比，实在是非常渺小。只要某一星球具备像我们地球这样的环境条件，生命就一定会产生和发展起来，我们人类也绝不是宇宙中的孤独者。

　　人类探索宇宙的脚步一直没有停止下来，我们在探索宇宙、寻找外星生命的同时，也试图向宇宙发布消息，告知其他星球我们人类的存在。也许某个星球上的生物正躲在宇宙的某个角落，四周张望，寻找我们呢。

　　1972年3月和1973年4月，美国先后成功发射了"先驱10号"和"先驱11号"探测器，它俩分别携带着两张内容一样的"地球名片"飞离了太阳系，去茫茫宇宙寻找外星生命。

　　两张"地球名片"分别由一块镀金铝板制成。"名片"的左半部分从上到下是氢原子的结构，因为氢是宇宙间最丰富的化学元素，科学家们都懂得这一点；放射线代表离地球最近的一些脉冲星的位置；最下面的一个大圆圈和九个小圆圈分别代表太阳和九大行星。名片的右半部分主要是一男一女的画像，代表地球上的人类。

　　1977年8月和9月，人类再次向外太阳系发射空间探测器"旅行者1号"和"旅行者2号"。这次它们各自携带了一张称为"地球之音"的唱片，两张唱片都是镀金铜质，唱片上面录制了丰富的地球信息，有115幅照片（包括我国的长城）和图表，35种各类声音（包括风雨雷电声，火箭起飞和各种交通工具行驶的声音，以及成人的脚步声和婴幼儿的哭笑声），近60种语言的问候语（包括我国的普通话和广东话、厦门话和客家化三种方言），还有27首世界著名乐曲（包括贝多芬的交响曲，还有用古琴演奏的中国乐曲《流水》等）。

1977年8月和9月，人类再次向外太阳系发射空间探测器"旅行者1号"和"旅行者2号"

　　"地球名片"和"地球唱片"究竟何时被哪颗星球上的智慧生物收到呢？这我们不得而知，它们寄托着人类的希望，可能要在茫茫宇宙中遨游几十万年、几百万年或者上亿年，我们能做的只有耐心等待。不过同学们不用担心那些唱片会损坏，因为唱片外面包了一层特制的铝套，可使唱片保存10亿年不被损坏。

40 地球的乳汁——石油

石油是一种黏稠的、深褐色的液体，被称为"工业的血液"。

我们日常生活中用到的汽油、柴油和很多东西都是从石油中提炼出来的。比如化肥、杀虫剂和塑料等的原料就是石油，就连马路、高速公路上铺的沥青路面，大部分也是石油原油蒸馏后的残渣。

在地球的地壳上层部分地区有石油储存。石油的成油机理有生物沉积变油和石化油两种学说。

生物沉积变油说认为，石油是古代海洋或湖泊中的生物经过漫长的演化形成的，属于生物沉积变油，是不可再生的。

石化油说则认为，石油是由地壳内本身的碳生成，与生物无关，是可再生的。

古埃及人和古巴比伦人在很早以前就开采利用石油了。

"石油"这个中文名称还是由北宋大科学家沈括第一次命名的呢。

科学研究表明，石油的生成至少需要200万年的时间

科学研究表明，石油的生成至少需要200万年的时间。在现在已经发现的油藏中，时间最老的达5亿年之久。一些石油是在侏罗纪生成的。

在地球不断演化的漫长历史过程中，有一些特殊时期，如古生代和中生代。这些时期内大量的植物和动物死亡，构成其机体的有机物不断分解，并与泥沙或碳酸质沉淀物混合组成沉积层。沉积物不断堆积加厚，导致温度和压力上升。随着这种过程的不断进行，沉积层变为沉积岩，进而形成沉积盆地，这就为石油的生成提供了基本的地质环境。

大多数地质学家认为，石油像煤和天然气一样，是古代有机物通过漫长的压缩和加热后逐渐形成的。按照这一理论，石油是由史前的海洋动物和藻类植物的"尸体"变化形成的（陆上的植物则一般形成煤）。

经过漫长的地质年代，这些有机物与淤泥混合后被埋在厚厚的沉积岩下。在地下的高温、高压下它们逐渐转化，首先形

119

成蜡状的油页岩，后来退化成液态和气态的碳氢化合物。由于这些碳氢化合物比附近的岩石轻，它们向上渗透到附近的岩层中，这样聚集到一起的石油形成油田。

通过钻井和泵人们可以从油田中获得石油。

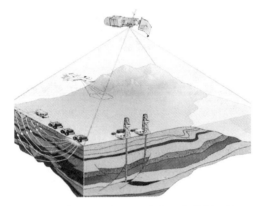

通过钻井和泵人们可以从油田中获得石油

石油作为重要的生活资源和战略资源，一直受到高度的重视和争夺。在我国比较著名的油田有大庆油田、胜利油田、玉门油田等。

从全球范围来看，整体上石油的分布极不平衡。在世界原油储量排名的前十位中，中东国家占了五位，依次是沙特阿拉伯、伊朗、伊拉克、科威特和阿联酋。

现在同学们应该明白这些年为什么中东地区战火不断？其实除了民族问题和宗教问题外，石油也是其中的主要原因。

地球上已探明石油资源的1/4和最终可采储量的45%埋藏在海底。随着科学技术的不断进步，世界石油探明储量的蕴藏重心，将逐步由陆地转向海洋。

41 地球的宝藏——黄金

也许你的家里就有黄金，比如妈妈的戒指、项链、耳环，这些饰品大都是用黄金或白银制成的。

金是一种金属元素，化学符号是Au，原子序数是79。

黄金是一种广受欢迎的贵金属，很多世纪以来一直都被用作货币、保值物。黄金一词来自拉丁文，意思是"灿烂的黎明"。

黄金是一种广受欢迎的贵金属

自然界中，金以单质的形式出现在岩石中的金块或金粒、地下矿脉及冲积层中。

金的单质在室温下为固体，其密度高、柔软、光亮、抗腐蚀，延展性仅次于铂。1克金可以被打成1平方米的薄片，甚至可以被打薄至半透明，透过的光会显出绿蓝色，因为金反射黄色光和红色光的能力很强。

在史前时期，黄金已经被认知及高度重视，它可能是人类最早使用的金属，起初被用于装饰及仪式。

在历史上，金曾经天然地充当货币的角色。

19世纪中期曾形成金本位制度。尽管世界上各国多以纸币作为法定货币，但金依然被视为一种"准货币"。现在黄金储备在各国财政储备中仍占有重要地位。

由于金具备独特且良好的性质，所以被广泛应用于工业与科学技术。比如，具有极高的抗腐蚀稳定性；具有良好的导电性和导热性；原子核具有较大捕获中子的有效截面；对红外线的反射能力接近100%；合金中具有各种触媒性质；具有良好的工艺性，极易被加工成超薄金箔、微米金丝和金粉；易镀到其他金属、陶器和玻璃的表面，在一定压力下容易被熔焊和锻焊；可制成超导体等。

那么，金是怎么形成的呢？在太古代，很多陨石带有金属元素（包括金），它们在撞击地球的过程中熔化。由于密度大，金便往地心沉。后来火山喷发频繁，又将大量的金元素从地核中沿着裂隙带到地幔和地壳中，后来经过海洋沉积和区域变质作用，形成最初的金矿源。

冶炼黄金是一项很复杂的工作。首先需要把金矿石从几百米甚至上千米的地下挖掘出来，然后经过复杂的工艺，将黄金从石头中冶炼出来。

黄金的含量不像其他金属矿那么高，从一吨重的矿石中最终只能冶炼出几克或几十克的黄金，大概相当于一枚戒指或一条项链的重量。所以从古到今，黄金一直是人们疯狂争夺的财富。

从一吨重的矿石中最终只能冶炼出几克或几十克的黄金，大概相当于一枚戒指或一条项链的重量

同学们知道美国的旧金山吧？19世纪中叶，在旧金山地区发现金矿后便立刻掀起了淘金热潮，当时有十多万华人也加入淘金热中，这个地区被华侨们称为"金山"。

1851年，在澳大利亚的墨尔本发现金矿，大量的人从世界各地前往墨尔本淘金。为了和美国有所区分，后来便把墨尔本叫做新金山。

我国也是黄金储量比较丰富的国家，最大的金矿田在山东半岛，那里已经探明的黄金储量有几千吨。

42 地球的宝藏——银

银的化学符号是 Ag，来自银的拉丁文名称，是"浅色、明亮"的意思。

在古代，人类就对银有了认识。和黄金一样，银是一种应用历史悠久的贵金属，至今已有4000多年的历史。

同学们看的古装剧中，剧中人物去酒店、茶楼吃饭喝酒，结账时都是使用银两，可见银作为货币使用的历史。

银还是一种可为人类食用的金属，在我国和印度均有用银箔包裹食品和丸药服用的记载。同时银还是某些生物的食物。据我国古籍《天香楼外史》记载：古时候有一个妇人藏了150两私房银。有一天她开箱查看藏银，银竟不翼而飞。妇人大吃一惊，怀疑被人盗走，一时弄得全家人心惶惶。仔细查看，只见一大堆白蚁正团团集在一起，吃着残存的银粒。妇人一气之下，把白蚁投入炉中，以解心头之恨。"火烧蚁死，白银复出"，一称，恰好150两。

　　银和金一样，也具有很好的延展性，而且银的导电性和导热性在所有金属中都是最高的。

银和金一样，也具有很好的延展性，而且银的导电性和导热性在
所有金属中都是最高的

　　银常用来制作灵敏度极高的物理仪器元件。各种自动化装置、火箭、潜水艇、计算机、核装置以及通信系统，这些设备中大量的接触点都是用银制作的。因为在使用期间，每个接触点都要工作上百万次，所以必须耐磨且性能可靠，能承受严格的工作要求，而银完全能满足上述种种要求。

　　如果在银中加入稀土元素，性能就会更加优良。用这种加稀土元素的银制作的接触点，其寿命可以延长好几倍。

　　银因具有诱人的白色光泽、较高的化学稳定性和观赏价值，广泛用作首饰、装饰品、银器、餐具、敬贺礼品、奖章和纪念币，深受人们青睐。银首饰在发展中国家有广阔的市场，银餐具备受家庭欢迎，所以银也有"女人的金属"之美称。

125

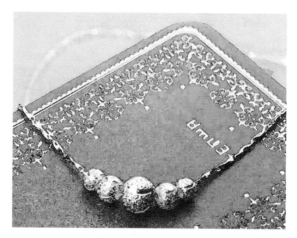

银也有"女人的金属"之美称

在古代典籍和戏剧中，还常有银针试毒的情节。某人从头上拔下一根银簪放到饭或茶水里，如果里面被人放了毒，银簪便会变黑，这样做可以避免遭人暗害。

其实这种做法有很大的局限性，因为古代的毒药品种很少，主要就是砒霜，也就是清宫戏里常说的鹤顶红。砒霜的成分里有大量的硫或硫化物，银与硫反应会生成黑色硫化银沉淀，从而达到试毒效果。但如果换一种毒药，特别是现在的化学毒药，银针就无能为力了。

43 地球的宝藏——铜

铜是人类最早使用的金属之一。

早在史前时代，人们就开始采掘露天铜矿，并用获取的铜制造武器、工具和其他器皿，铜的使用对早期人类文明的进步影响深远。

铜是一种存在于地壳和海洋中的金属。铜在地壳中的含量约为0.01%，在个别铜矿床中，铜的含量很高，为3%～5%。自然界中的铜多数以化合物即铜矿石的形式存在。

铜是一种过渡元素，化学符号为Cu，原子序数为29。纯铜很柔软，其表面刚切开时为红橙色，带金属光泽，单质呈紫红色。铜的延展性很好，其导热性和导电性都很高，是电缆和电子元件中比较常用的一种材料。铜可组成多种合金，也可用作建筑材料。

铜合金的机械性能优异，电阻率低，其中最重要的当数青铜和黄铜。此外，铜也是耐用的金属。

铜合金的机械性能优异，电阻率低，其中最重要的当数青铜和黄铜

铜不仅广泛用于工业、农业、军事、科技等领域，在日常生活中，铜也是必不可少的东西。看看我们的家里，到处都有铜的存在：电线、锁心、冰箱、电视等，电脑里铜的重要性更是不用说。

中国使用铜的历史年代久远。在六七千年以前，我们的祖先就发现并开始使用铜了。

1973 年在陕西临潼姜寨遗址曾出土一件半圆形残铜片，经鉴定为黄铜。"国之大事，在祀与戎。"祀：祭祀，祀天、祀祖；戎：古代兵器的总称。对先秦中原各国而言，最大的事情莫过于祭祀和对外战争。

作为代表当时最先进的金属冶炼、铸造青铜的技术，也主要用在祭祀礼仪和战争上。

夏、商、周三代所发现的青铜器，其功能均为礼仪用具和武器，以及围绕二者的附属用具。这一点与世界各国青铜器有区别，形成了具有中国传统特色的青铜器文化体系。

鼎盛时期即中国青铜器时代，包括夏、商、西周、春秋及战国早期，延续时间有1600余年。这个时期的青铜器主要分为礼乐器、兵器和杂器。

鼎盛时期的青铜器主要分为礼乐器、兵器和杂器

商周青铜器中数以万计的铜器留有铭文，一般叫这些文字为金文。这些铭文已成为今天研究古代历史的重要材料，对我们证史、补史起着举足轻重的重要作用。

长期以来，金、银、铜在我国古代是被当作货币使用的。有的同学见过方孔圆形铜钱，古代人用绳子从铜钱的方孔中穿过，一串一串的，方便携带。一个铜钱叫一文钱，一千个铜钱叫一贯钱。

我们学过的课文《孔乙己》里就有花铜钱的描写，孔乙己每每让店家温两碗酒，要一碟茴香豆，便排出九文大钱。后来孔乙己更加穷困潦倒，到最后还欠着咸亨酒店十九个铜钱没还呢。

44 地球的宝藏——铁

铁，对于我们来说那真是非常熟悉。

铁是一种金属元素，原子序数是26，铁单质的化学式为Fe。

铁在地球上分布较广，占地壳含量的4.75%，仅次于氧、硅、铝，位居第四。

铁在国民经济中占有举足轻重的地位。

人类最早是从天空落下的陨石中发现的铁，陨石含铁的百分比很高，铁陨石中含铁量有时高达90%以上。

考古学家曾经在古坟墓中发现了陨铁制成的小斧；早在4000年前古埃及的第五王朝至第六王朝的金字塔所藏的宗教经文中，就记述了当时太阳神等重要神像的宝座是用铁制成的。

铁在当时被认为是带有神秘性的最珍贵的金属，埃及人干脆把铁叫做"天石"。

在古希腊文中，"星"与"铁"是同一个词。

由于陨石来源极其稀少，从陨石中得来的铁对生产没有太大作用。

随着青铜技术的成熟，铁的冶炼技术才逐步发展起来。

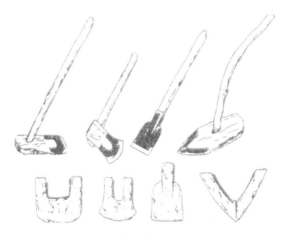

铁制物件

　　铁制物件最早发现于公元前3500年的古埃及，这些物件中包含了一定比例（约为7.5%）的镍，表明它们来自流星。

　　约公元前1500年古代小亚细亚半岛（现在的土耳其）的赫梯人从铁矿石中炼得铁，这种坚硬金属给他们的经济和政治带去新的力量。

　　铁器时代开始了。某些种类的铁依赖于它的碳含量，特征明显优于其他。某些铁矿石含钒，生产出叫做大马士革的钢，很适合打制刀、剑等武器。

　　在我国，从战国时期到东汉初年，铁器的使用开始普遍起来，成为我国最主要的金属。

　　不仅生活中我们离不开铁，在我们人体中，铁也是必不可少的元素。成年人体内有4～5克铁，主要以铁蛋白的形式储存在肝、脾和骨髓中。铁可以促进发育，增加对疾病的抵抗力，

调节组织呼吸，防止疲劳，构成血红素，预防和治疗因缺铁引起的贫血，使皮肤恢复良好的状态。

一旦缺铁，人体健康就会出现很多问题，如缺铁性贫血、智力发育低下、疲劳无力、食欲不振等。那么如何补充呢？其实很简单，如多用铁锅炒菜就有利于铁的吸收。生活中少用铝制器具，因为铝能阻止铁的吸收。还可多食用含铁丰富的食物，像蛋黄、海带、紫菜、木耳、猪肝、桂圆、猪血等。另外，水果、蔬菜对人体补铁也有很大的益处。

生活中少用铝制器具，因为铝能阻止铁的吸收

在我国严重缺铁的人相对还是较多的，主要集中在妇女、儿童和老人，所以每日科学补铁还是必不可少的。

我国的铁矿石虽然品位普遍不高，但是储量丰富。比较有名的有鞍山铁矿、白云鄂博铁矿、攀枝花铁矿、马鞍山铁矿等。

45 地球的宝藏——煤

煤是一种可燃烧的黑色或棕黑色沉积岩，这样的沉积岩通常发生在被称为煤床或煤层的岩石地层中或矿脉中。

暴露于升高的温度和压力下会形成较硬的煤，可以被认为是变质岩，例如无烟煤。

煤主要由碳构成，还有不同数量的其他元素，主要有氢、硫、氧和氮。

煤是怎么形成的呢？

煤是地壳运动的产物。早在3亿多年前的古生代、1亿多年前的中生代和几千万年前的新生代时期，大量的植物残骸经过复杂的生物化学、地球化学、物理化学作用后转变成煤。

从植物死亡、堆积、埋藏到转变成煤，经过了一系列的演变过程，这个过程称为成煤作用。

一般认为，成煤过程分为两个阶段：泥炭化阶段和煤化阶段。前者主要是生物化学过程，后者主要是物理化学过程。

成煤过程分为两个阶段：泥炭化阶段和煤化阶段

植物在泥炭沼泽、湖泊或浅海中不断繁殖，其遗骸在微生物作用下不断分解、化合和聚积，在这个阶段中起主导作用的是生物地球化学作用。低等植物经过生物地球化学作用形成腐泥，高等植物形成泥炭，因此，成煤的第一阶段可称为腐泥化阶段或泥炭化阶段。

煤化阶段又包含两个连续的过程。第一个过程是在地热和压力的作用下，泥炭层发生压实、失水、老化、硬结等变化成为褐煤；第二个过程是褐煤转变为烟煤和无烟煤的过程。在这个过程中煤的性质发生变化，所以又叫做变质作用。

地壳继续下沉，褐煤的覆盖层也随之加厚。在地热和压力的作用下，褐煤继续在物理化学变化的作用下被压实，失水后其内部组成、结构和性质都进一步发生变化。这个过程就是褐煤变成烟煤的变质作用。

一座煤矿的煤层厚薄与所处地区的地壳下降速度及植物遗骸堆积的多少有关。地壳下降的速度快，植物遗骸堆积得厚，这座煤矿的煤层就厚。反之，地壳下降的速度缓慢，植物遗骸堆积得薄，这座煤矿的煤层就薄。

煤作为燃料广泛应用于我们生活中，在20世纪六七十年代以前，我们生火做饭主要依靠的就是煤，各种各样的煤球、蜂窝煤，不仅购买、储藏麻烦，而且火力远比不上今天的天然气。

除了生活用煤，火力发电也燃烧大量的煤。

除了生活用煤，火力发电也燃烧大量的煤

燃烧煤炭时，会排放大量的二氧化碳，严重影响地球上的生态环境，破坏大气层和臭氧层，给地球生存环境埋下可怕的隐患。

现在世界各国政府都在大力研究推广环保洁净的能源，以减少人类对大自然的透支和破坏。比较常见的有氢能、风能、核能、太阳能、地热能、生物能（沼气发酵）、潮汐能等。

我国有着丰富的煤炭储量，是世界第一产煤大国，当然也是煤炭消费的大国。著名的煤矿位于山西大同、辽宁阜新、河南平顶山等。山东的枣庄也是著名的煤城，抗日战争时期铁道游击队的故事就发生在那里。

135

46 地球的宝藏——钻石

同学们，你一定听说过钻石吧，爸爸妈妈结婚时，他们的定情信物也许就是一枚昂贵的钻石戒指呢。

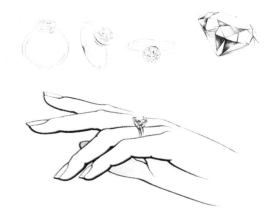

金刚石是自然界中天然存在的最坚硬的物质

钻石也叫金刚石，它是一种由碳元素组成的物质，是碳元素的同素异形体。金刚石是自然界中天然存在的最坚硬的物质。说到硬度，我们应该知道一个名词——莫氏硬度。1822年，莫氏硬度一词由德国矿物学家腓特烈·摩斯首先提出，它是表示矿物硬度的一种标准，通常在矿物学或宝石学中使用。用棱锥形金刚钻针刻划被测试矿物的表面，并测量划痕的深度，该划痕的深度就是莫氏硬度，用符号HM表示。莫氏硬度也用于表示其他物料的硬度。

腓特烈·摩斯

莫氏硬度分为十级，依次是滑石、石膏、方解石、萤石、磷灰石、长石、石英、黄玉、刚玉、金刚石。像滑石、石膏，质地很软，用指甲就可以划刻；我们在河边、海边见到的那些鹅卵石，硬度大都同六七级的长石和石英一样；我们家里门窗上的玻璃，其硬度和石英差不多，所以用一种物体划玻璃，如果划不动，说明这一物体的硬度一定在玻璃之下，如果能划上痕迹，说明它的硬度比玻璃高。

金刚石是在地球深部高温、高压条件下形成的一种由碳元素组成的单质晶体，它的化学成分中99.98%是碳，其化学本质和铅笔中的石墨以及作为能源的煤炭没有区别。在地球诞生后不久，钻石便开始在地球深部结晶，是世界上最古老的宝石。钻石的形成需要一个漫长的历史过程，这一点可以从钻石主要出产于古老的稳定大陆地区证实。另外，地外星体撞击地球产生瞬间的高温、高压，也是形成钻石的主要因素之一。

金刚石的质量单位是克拉，一克拉相当于200毫克。稀少的钻石主要出现在两类岩石中，一类是橄榄岩类，一类是榴辉岩类。目前为止，发现含钻石的橄榄岩有两种类型：金伯利岩和钾镁煌斑岩。金伯利岩是一种形成于地球深部、含有大量碳酸气体等挥发性成分的偏碱性超基性火山岩，这种岩石常常含有来自地球深部的橄榄岩、榴辉岩碎片，主要矿物成分包括橄榄石、金云母、碳酸盐、辉石、石榴石等。研究表明，金伯利岩浆形成于地球深部150千米以下。由于首先在南非金伯利发现这种岩石，故以该地名来命名。含钻石的金伯利岩或钾镁煌斑岩裸露在地表，经过地球外引力作用而风化、破碎，在水流冲刷下，破碎的原岩连同钻石被带到河床。自从在印度发现钻石，就不断听到人们在河边捡到钻石的故事，这是因为河流上游某处含有钻石的原岩被风化、破碎后，钻石随水流到达下游地带，比重大的钻石被埋在沙砾中。

1977年12月21日，山东省临沭县常林大队的魏振芳在田里干活时发现一颗优质巨钻。经过鉴定，这颗钻石重158.7869克拉，是我国发现的第二块超过100克拉的钻石，后来这块钻石被命名为"常林钻石"，成为重要国宝。

47　地球的相册

　　几乎每个家庭都有几本相册，其中记录着家庭的岁月印迹、子女的成长历程，一张张相片能勾起很多幸福美好的回忆。其实地球也有相册，只不过地球的相册深深地埋在地下几十米、几百米甚至几千米，这就是化石。

　　化石一词源自拉丁文，意为挖掘。由于自然作用在地层中保存下来的地史时期生物的遗体、遗迹，以及生物体分解后的有机物残余（包括生物标志物、古 DNA 残片等）等统称为化石。化石分为实体化石、遗迹化石、模铸化石、化学化石、分子化石等不同的保存类型。

　　在漫长的地质年代里，地球上生活着无数生物，这些生物死亡后的遗体或生活时遗留下来的痕迹，很多都被当时的泥沙掩埋起来。在随后的岁月中，这些生物遗体中的有机物分解殆尽，坚硬的部分如外壳、骨骼、枝叶等与周围的沉积物一起经过石化变成了石头，不过它们原来的形态、结构（甚至一些细微的内部构造）依然保留着；同样，那些生物生活时遗留下的痕迹也可以这样保留下来。我们把这些石化了的生物遗体、遗

139

迹称为化石。从化石中可以看到古代动物、植物的样子，从而推断古代动物、植物的生活情况和生活环境，以及埋藏化石的地层形成的年代和经历的变化，等等。

我们把这些石化了的生物遗体、遗迹称为化石

中国古籍中早已有关于化石的记载，如春秋时代的计然和三国时代的吴晋都曾提到山西产"龙骨"，即古代脊椎动物的骨骼和牙齿的化石。

痕迹化石能提供相对较多的生物情况。如足迹，不仅能表明动物的类型，而且可以提供有关环境的资料。

同学们最熟悉的莫过于参观博物馆时见到的恐龙化石了。世界上最著名的恐龙足迹化石发现于得克萨斯州罗斯镇附近帕卢西河床中的晚白垩纪石灰岩中，年代大约在1.1亿年前。恐龙的足迹化石不仅可以揭示恐龙足的大小和形状，而且提供了体长和重量的线索，留有足迹的岩石还能帮助科研人员确定恐龙生存的环境条件。

在许多砂岩和石灰岩沉积层的表面可以看到无脊椎动物留下的踪迹，这些踪迹中既有简单的，又有相对复杂的，如蟹及其他爬虫的洞穴。

生物成为化石的一种有趣且不寻常的方式是形成琥珀

　　生物成为化石的一种有趣且不寻常的方式是形成琥珀。想象一下，在亿万年前，一只小昆虫正悠闲地待在一棵松树下觅食，忽然树上分泌的一滴松脂掉落下来，恰巧落在昆虫的身体上，可怜的昆虫被牢牢地粘住，松脂不断地滴落，昆虫被越包越紧，无法逃脱。裹着松脂的昆虫最终被埋入地下。经过亿万年岁月的侵蚀，这块松脂变成了半透明的琥珀，而里面包裹着的昆虫清晰可见。有些形成琥珀的昆虫被保存得非常好，有的甚至能在显微镜下观察到它的细毛和肌肉组织。

　　同学们有机会可以去化石博物馆参观一下，除了高大的恐龙化石，你还可以看到树叶化石、鱼类化石、贝壳化石等，一件件生动的化石会带你看到亿万年前生物们生活的样子，让你感受到大自然的神奇和奥妙。

48　地球的水塔

对大多数人来讲，冰川既是熟悉的，又是陌生的。

我国的绝大多数冰川分布在西部的极高山上，那里冰雪覆盖、缺氧、高寒，一条条、一片片的冰川就像挂在地球脖子上洁白的哈达。

一条条、一片片的冰川就像挂在地球脖子上洁白的哈达

冰川是极地或高山地区地表上多年存在并具有沿地面运动状态的天然冰体，是多年积雪经过压实、重新结晶、再冻结等成冰作用形成的，具有一定的形态和层次，并有可塑性。冰川在重力和压力的作用下，有塑性流动和块状滑动的特点，是地表重要的淡水资源。国际冰川编目规定：凡是面积超过0.1平方

142

千米的多年性雪堆和冰体都应编入冰川目录。

冰川是水的一种存在形式，是雪经过一系列变化转变而来的

　　冰川是水的一种存在形式，是雪经过一系列变化转变而来的。形成冰川的首先条件是有一定数量的固态降水，包括雪、雾、雹等。如果没有足够的固态降水作为原料，就等于"无米之炊"，根本形不成冰川。在高山上，冰川能够发展，除了要求有一定的海拔外，还要求高山不要过于陡峭。如果山峰过于陡峭，降落的雪就会顺坡而下，形不成积雪，也就谈不上形成冰川。雪花一落到地上就会发生变化，随着外界条件和时间的变化，雪花变成完全丧失晶体特征的圆球状雪，我们称之为粒雪，这种雪就是冰川的"原料"。

　　积雪变成粒雪后，随着时间的推移，粒雪的硬度和它们之间的紧密度不断增加，大大小小的粒雪相互挤压，紧密地镶嵌在一起，孔隙不断缩小以致消失，雪层的亮度和透明度逐渐减弱，一些空气也被封闭在里面，这样就形成冰川冰。粒雪化和密实化过程在接近熔点的温度下会进行得很快；在低温下反而进行缓慢。冰川冰最初形成时呈乳白色，经过漫长的岁月，会

变得更加致密、坚硬，里面的气泡逐渐减少，慢慢地变成蓝色晶莹的老冰川冰。

物体在受力情况下，为了适应或消除外力，可发生三种变形，即弹性变形、塑性变形和脆性变形（或称破裂）。一般物体在受力时都有这三个变形阶段。就冰来说，由于它容易实现晶体的内部滑动，所以有利于表现塑性变形。在一个畅通的山谷中，冰川流动时的最大流速出现在冰川表面，越接近谷底速度越低，这种运动方式叫做重力流。如果冰川在运动过程中，前方遇到突起的基岩或被运动变缓的冰块阻塞，就会在那里形成前挤后压的剪应力，这种流动方式叫做阻塞重力流。在发生阻塞重力流的地方，冰中常有许多逆断层，还有复杂的褶皱出现。冰川运动的速度日平均不过几厘米，多的也不过数米，以致肉眼看不出冰川是在运动着的。

由于全球气候逐渐变暖，世界各地冰川的面积和体积都有明显的减少，有些甚至消失，这种现象在低纬度和中纬度的地方尤其显著。研究人员指出，由于冰川是重要的淡水资源之一，因此冰川融化速度过快会给一些地区带来淡水危机，甚至在水源稀缺的地区酝酿争水冲突。同时，冰川融化会导致被埋藏在冰盖中几百年甚至几万年的微生物暴露，微生物的扩散会影响人类健康。

49　天上会下冰块吗？

我们知道天上会下雨、下雪，那么天上会下冰块吗？答案是天上有时候也会下冰块，我们称之为冰雹或雹子，有些地方还把它叫做霸子。

那么，这种现象是如何形成的呢？

原来地表的水被太阳暴晒汽化后上升到空中，许多水蒸气凝聚成云。冰雹云中强烈的上升气流携带着许多水滴和冰晶运动着，其中一些水滴和冰晶合并冻结成较大冰粒，这些粒子继续被上升气流携带到含水量累积区，成为冰雹核心。含水量累积区为冰雹核心提供良好的生长条件。

冰雹核心进入生长区后，在水量多、温度不太低的区域与冷水滴结合，形成一层透明的冰层，再向上进入水量较少的低温区，这里主要由冰晶、雪花和少量冷水滴组成，冰雹核心与它们结合并冻结形成不透明的冰层。这时的冰雹已经变大，而上升气流相对变弱，当气流不能支撑冰雹时，冰雹便会下落，但在下落过程中仍会不断地合并冰晶、雪花和水滴而继续生

145

长，当它落到较高温度区时，碰并上去的过冷水滴便形成一个透明的冰层。这时如果落到另一股更强的上升气流区，那么冰雹又将再次上升，重复上述生长过程。这样冰雹就一层透明、一层不透明地增长。因为每次的生长时间、含水量等条件存在差异，所以冰雹的各层厚薄等特点各有不同。最后当上升气流支撑不住冰雹时，就从云中落下，成为我们看到的冰雹。

遇到猛烈上升的气流，如果云中的雨点被带到 0 ℃以下的高空，就会变成小冰珠，气流减弱时，小冰珠回落；当含水汽的上升气流再增大时，小冰珠也会再上升并增大。如此上下翻腾，小冰珠就很可能逐渐成为大冰雹，最后落到地面。

冰雹活动不仅与天气系统有关，而且受地形、地貌的影响很大。我国地域辽阔，地形复杂，地貌差异很大，而且我国有世界上最大的高原，使大气环流也变得复杂。因此，我国冰雹天气波及范围大，冰雹灾害地域广。尤其是北方的山区及丘陵地区，地形复杂，天气多变，冰雹多，受害重，对农业危害很大。

冰雹活动不仅与天气系统有关，而且受地形、地貌的影响很大

雹灾可是自然灾害中的严重灾害之一。冰雹的个头小到黄豆粒、花生米大小，大到乒乓球、鸡蛋那么大，特大的冰雹甚至比柚子还大。猛烈的冰雹毁了庄稼，损坏房屋，人被砸伤、牲畜被砸死的情况也常常发生，具有强大的杀伤力。

冰雹的个头小到黄豆粒、花生米大小，大到乒乓球、鸡蛋那么大，
特大的冰雹甚至比柚子还大

下冰雹的时间一般都比较短，一次狂风暴雨或降冰雹时间一般只有2～10分钟，只有极少数在30分钟以上。同学们一旦遇到冰雹天气，一定要做好自我保护措施，迅速回到屋内躲避，如果在外面，要先用书包或其他硬物护住头部，然后迅速躲进商场或屋檐下，防止意外受伤。

50 天上会下酸雨吗？

　　雨是一种自然降水现象，是由大气循环扰动产生的，是地球水循环不可缺少的一部分，是几乎所有的远离河流的陆生植物补给淡水的唯一方法。地球表面的水蒸发上升遇冷形成了雨。从天上落下的雨滴，有大有小，有快有慢。

　　雨是人类生活中最重要的淡水资源。

　　同学们你们知道天上还会下酸雨吗？当然，这种酸雨并不像我们家里吃的醋那么酸。酸雨是指雨、雪或其他形式的降水在形成和降落过程中，吸收并溶解空气中的二氧化硫、氮氧化合物等，形成pH低于5.6的酸性降水。酸雨主要是人为地向大气中排放大量酸性物质造成的。我国的酸雨多为硫酸雨，与大量燃烧含硫量高的煤有关。另外，各种机动车排放的尾气也是形成酸雨的重要原因。瞧瞧，这就是我们人类不爱惜环境造成的恶果。

酸雨主要是人为地向大气中排放大量酸性物质造成的

　　酸雨会给我们带来哪些危害呢？一是导致土壤酸化。土壤中含有大量铝的氢氧化物，土壤酸化后，可加速土壤中含铝的原生和次生矿物风化而释放大量铝离子，形成植物可吸收的铝化合物。植物长期和过量地吸收铝会中毒，甚至死亡。二是酸雨还能诱发植物病虫害，使农作物大幅度减产，特别是小麦，在酸雨影响下可减产13%~34%。大豆、蔬菜也容易受酸雨危害，导致蛋白质含量和产量下降。三是对水生系统造成危害，改变营养物质和有毒物质的循环，使有毒物质溶解到水中并进入食物链。四是对陆地生态系统造成危害，对土壤的影响包括抑制有机物的分解和氮的固定，钙、镁、钾等营养元素流失，使土壤贫瘠化。酸雨损害植物新生的叶芽，影响其正常生长发育。五是对人体产生不利影响。通过食物链使汞、铅等重金属进入人体，诱发疾病；酸雾侵入肺部，诱发肺水肿；长期生活在含酸沉降物的环境中，可增加动脉硬化、心肌梗死等疾病的

149

概率。所以，酸雨被人们称为"空中死神"。

植物长期和过量地吸收铝会中毒，甚至死亡

那么，如何才能防止酸雨呢？一是优先使用低硫燃料，如含硫量较低的低硫煤和天然气等。二是改进燃煤技术，减少燃煤过程中二氧化硫和氮氧化物的排放量。三是利用原煤脱硫技术可以除去燃煤中40%~60%的无机硫。烟气在排放到大气之前进行脱硫可除去85%~90%的二氧化硫气体。四是开发新能源，如太阳能、风能、核能、地热、可燃冰等。

51 地球之最

相信大家都知道地球上最高的山峰是珠穆朗玛峰。藏语中"珠穆"是女神的意思，"朗玛"是第三的意思，因为在珠穆朗玛峰的附近还有三座山峰，兄弟四个珠峰位居第三，所以被称为珠穆朗玛峰。当然这个结果可不是按个头算的，如果按个头算珠峰就是老大了。海拔排在珠穆朗玛峰之后的是乔戈里峰，它是地球上第二高的山峰，主要位于巴基斯坦和中国的边界处，海拔8611米，是喀喇昆仑山脉的最高点，也是巴基斯坦的第一高峰。海拔第三的是干城章嘉峰，海拔8586米，主要位于尼泊尔与锡金之间的边界，这座山不仅是印度的最高山，同时也是喜马拉雅山的边界山峰。

珠穆朗玛峰是世界第一高峰，自然也是亚洲第一高峰。

乞力马扎罗山位于赤道附近的坦桑尼亚和肯尼亚边界的坦桑尼亚一侧，主峰基博峰，海拔5950米，是非洲的最高峰，被称为"非洲之巅"。

厄尔布鲁士山位于欧亚两洲交界处的俄罗斯和格鲁吉亚边界的高加索地区，海拔5642米，是欧洲的最高峰。

　　德纳里山位于美国阿拉斯加州的中南部，是阿拉斯加山脉的中段山峰，海拔6193米，是北美洲的第一高峰。

　　阿空加瓜山位于阿根廷门多萨省西北端，临近智利边界，海拔6960米，是世界上最高的死火山，也是南美洲最高峰。

　　科修斯科山位于澳大利亚大陆东南部的新南威尔士州境内堪培拉的西南，海拔2230米，是澳大利亚山脉的最高峰，亦为大洋洲的最高点。

　　世界上最高的高原是青藏高原。南美洲的巴西高原是最大的高原。

世界上最高的高原是青藏高原

　　美国、加拿大边界的苏必利尔湖是最大的淡水湖。里海是最大的湖，也是最大的咸水湖。俄罗斯的贝加尔湖是世界上最深的湖。

　　地球上落差最大的瀑布是委内瑞拉的安赫尔瀑布。

　　最大的平原是亚马孙平原，最大的沙漠是撒哈拉大沙漠。

　　最大的半岛是阿拉伯半岛。

最大的盆地是非洲的刚果盆地。

最长的山系是纵贯南北美洲大陆西部，北起阿拉斯加，南到火地岛，绵延约1.5万千米的科迪勒拉山系。

世界上最长的河是埃及的尼罗河。流域面积最大的河是南美洲的亚马孙河。

地球上最大最深的峡谷是中国的雅鲁藏布大峡谷。

峡谷有河流，河流奔腾入海。那么，关于海的世界之最有哪些呢？太平洋西南的珊瑚海是最大的海。欧亚之间，土耳其海峡一部分的

世界上最长的河是埃及的尼罗河

马尔马拉海是最小的海。世界上最咸的海是红海，其含盐度是海水平均含盐度的8倍左右。波罗的海的含盐度远低于海水平均含盐度，各个海湾的含盐度更低，是最淡的海。

最大的岛屿是格陵兰岛。

最大的群岛是马来群岛。

最大的珊瑚礁是澳大利亚的大堡礁，不过因为自然环境的破坏，现在可以潜水观看的地点已经很少了。

……

地球之最其实还有很多，说上三天三夜也说不完。地球是我们人类的母亲，我们要了解她、保护她、热爱她。

153

52　拯救地球

　　人类只有一个地球。地球是我们人类的共同家园。

　　地球为我们提供大气资源、森林资源、水资源、生物资源，我们的祖辈世代守着这块净土，在蓝天和碧水中耕耘劳作，过着幸福愉快的生活。如今的地球遍体鳞伤，人类生存面临很多威胁，比如：全球气候变暖、臭氧层破坏、生物多样性减少、酸雨、森林面积锐减、土地荒漠化、大气污染、水污染、海洋污染等。这些都是我们人类自己造成的，保护地球、拯救地球已经刻不容缓。

　　1969年4月22日，美国人盖洛德·尼尔森在美国各大学发表演讲，筹划次年4月22日以反对越战为主题的校园运动。但是在1969年西雅图召开的筹备会议上，活动的组织者之一哈佛大学法学院学生丹尼斯·海斯提出：将运动定位成

丹尼斯·海斯

154

以环境保护为主题的草根运动。

1970年4月22日，很多组织和个人参加了"地球日"活动。人们举行集会、游行和其他多种形式的宣传活动，高举受污染的地球模型、巨幅画和图表，高呼口号，要求政府采取措施保护环境。这次活动是人类有史以来第一次规模宏大的群众性环境保护运动。

1973年，联合国环境规划署成立。

1990年，第二十届"地球日"活动的组织者希望将这一国内运动向世界范围扩展，为此他们致函中国、美国、英国三国领导人和联合国秘书长，呼吁他们采取措施，举行会晤缔结关于环境保护议题的多边协议，协力扭转环境恶化的趋势。1990年4月22日，全世界有来自140多个国家的超过2亿人参与了"地球日"活动。从此世界地球日成为全球性的环境保护运动。

20世纪90年代以来，我国社会各界在每年的4月22日都要举办"世界地球日"活动。目前，由中国地质学会、自然资源部组织的纪念活动是比较主要的活动之一。每年的"世界地球日"都有一个主题，比如：善待地球——从身边的小事做起；珍惜地球资源，转变发展方式——倡导低碳生活；为了地球上的生命——拯救我们的海洋。2020年的主题就是"珍爱地球，人与自然和谐共生"。

拯救地球是每个地球人的责任，必须从我做起，从现在做起，自觉投入到保护环境的行动中。生活中的点滴都可以体现在行动中，如少用塑料袋、不乱扔垃圾、节约粮食、节约每一滴水、节约每一度电、多植树造林。

155

拯救地球是每个地球人的责任，必须从我做起，从现在做起

    同学们，为了人类社会的可持续发展，为了让我们的子孙后代能继续生活在美丽地球母亲的怀抱中，让我们携起手来共同保护地球原有的面貌，守护好我们的绿色家园！